教育部-浪潮集团产学合作协同育人项目成果　　普通高等学校计算机教育"十三五"规划教材

inspur 浪潮

Android 移动开发技术
慕课版

浪潮优派◎策划

李然 李天志 郭倩蓉◎主编

阮梦黎 张兆臣 李明 李鲁艳 魏飞◎副主编

人民邮电出版社

北　京

图书在版编目（CIP）数据

Android移动开发技术：慕课版 / 李然，李天志，郭倩蓉主编. -- 北京：人民邮电出版社，2022.2（2024.1重印）
普通高等学校计算机教育"十三五"规划教材
ISBN 978-7-115-53333-3

Ⅰ. ①A… Ⅱ. ①李… ②李… ③郭… Ⅲ. ①移动终端－应用程序－程序设计－高等学校－教材 Ⅳ. ①TN929.53

中国版本图书馆CIP数据核字(2020)第020346号

内 容 提 要

本书是 Android 编程技术的基础开发教材，主要介绍了 Android 应用开发的基础知识。全书涵盖了 Android 概述、Android 开发项目搭建及目录分析、Android 项目打包及调试监控、Android 事件响应、Android 消息提示、Android 资源管理、Android UI 组件、Android UI 布局、Android 基本组件、数据存储之文件形式存储、数据存储之数据库存储及综合案例等内容。

本书不仅对 Android 编程技术的基础理论知识进行了讲解，同时对涉及的知识点通过案例展示操作步骤和具体实现，使读者能清晰地理解各知识点的适用情况和使用方法。本书提供所有实例的源码电子文件及视频讲解资源。

本书既可作为高等院校计算机相关专业的教材和辅导书，也可供具有 Java 开发基础并希望掌握 Android 编程技术的读者学习参考。

◆ 主　　编　李　然　李天志　郭倩蓉
　　副 主 编　阮梦黎　张兆臣　李　明　李鲁艳　魏　飞
　　责任编辑　张　斌
　　责任印制　王　郁　陈　犇

◆ 人民邮电出版社出版发行　北京市丰台区成寿寺路 11 号
　　邮编 100164　电子邮件 315@ptpress.com.cn
　　网址 https://www.ptpress.com.cn
　　三河市祥达印刷包装有限公司印刷

◆ 开本：787×1092　1/16
　　印张：15.25　　　　　　　　2022 年 2 月第 1 版
　　字数：408 千字　　　　　　2024 年 1 月河北第 4 次印刷

定价：59.80 元

读者服务热线：(010)81055256　印装质量热线：(010)81055316
反盗版热线：(010)81055315
广告经营许可证：京东市监广登字 20170147 号

前言 PREFACE

　　Android 系统是目前移动互联网开发技术中应用最广泛、设备覆盖率最高的一种移动端开发技术。Android 系统作为一个开放平台，从 2007 年发布至今，经过开发人员和相关公司的修改完善，已经发展成为一个成熟的移动互联网应用开发的技术体系。

　　在智能设备全面迅速发展的要求下，Android 系统不仅适用于手机设备，也适用于平板电脑、智能手表、智能电视等常用智能终端。随着 Android 系统的广泛应用，广大用户对于 Android 应用的需求也随之增加。

　　党的二十大报告中提到，坚持面向世界科技前沿、面向经济主战场、面向国家重大需求、面向人民生命健康，加快实现高水平科技自立自强。浪潮集团是我国综合实力较强的大型 IT 企业之一，是国内重要的云计算、大数据服务商，是先进的信息科技产品与解决方案服务商，也是"云+数"新型互联网企业。

　　浪潮优派科技教育有限公司（以下简称浪潮优派）是浪潮集团下属子公司，它结合浪潮集团的技术优势和丰富的项目案例，致力于 IT 人才的培养。本书由浪潮优派具有多年开发及实训经验的 Android 培训讲师和高校具有多年授课经验的教师联合编写。全书各章知识点讲解条理清晰、循序渐进。为方便教师教学和读者学习，本书提供了丰富的配套案例和微课视频，读者可扫描二维码直接观看。本书还配有案例源代码和电子课件，读者可登录人邮教育社区（www.ryjiaoyu.com）下载。

　　本书共 12 章，各章内容如下。

　　第 1 章　Android 概述，介绍 Android 的基础知识和开发环境的搭建。

　　第 2 章　Android 开发项目搭建及目录分析，通过创建 Hello World 项目对 Android 项目开发的过程及项目目录进行了分析。

　　第 3 章　Android 项目打包及调试监控，介绍 Android 应用的打包过程和调试监控方式。

　　第 4 章　Android 事件响应，介绍 Android 中事件处理的步骤和常用的事件处理方法。

　　第 5 章　Android 消息提示，介绍 Android 开发中的消息提示机制。

　　第 6 章　Android 资源管理，介绍 Android 中资源的存储方式和引用。

　　第 7 章　Android UI 组件，介绍 Android UI 界面开发中常用的控件。

　　第 8 章　Android UI 布局，介绍 Android UI 布局。

　　第 9 章　Android 基本组件，介绍 Android 的四种基本组件。

　　第 10 章　数据存储之文件形式存储，介绍 Android 中常用的几种文件存储方式。

　　第 11 章　数据存储之数据库存储，介绍 SQLite 的使用。

　　第 12 章　综合案例，综合 Android 基础知识，讲解并演示一个 Android 应用——掌上购物商城 App。

　　本书由浪潮优派李然、德州学院李天志、浪潮优派郭倩蓉担任主编，并进行了全书审核和统稿。担任本书副主编的有山东管理学院阮梦黎、山东第一医科大学张兆臣、山东中医药大学李明、山东建筑大学李鲁艳、滨州医学院魏飞。此外，为了使本书更适合高校使用，与浪潮集团有合作关系的部分高校教师也参与了本书的编写工作，包括山东第一医科大学张西学、郑鹏、许婷婷、孙增武，山东管理学院刘乃文、李颖。在此感谢他们在本书编写过程中提供的帮助和支持。

由于编写时间仓促，且编者水平有限，书中难免存在不足之处，欢迎读者批评指正。

编　者

2023 年 7 月

目录 CONTENTS

第1章 Android 概述 ... 1
1.1 移动智能设备开发简介 ... 1
- 1.1.1 Symbian 操作系统 ... 1
- 1.1.2 BlackBerry 操作系统 ... 2
- 1.1.3 Windows Phone 操作系统 ... 2
- 1.1.4 iOS 操作系统 ... 3
- 1.1.5 Android 操作系统 ... 4

1.2 Android 系统发展史 ... 5
- 1.2.1 Android 系统的历史版本 ... 5
- 1.2.2 Android 系统版本的市场占比 ... 5

1.3 Android 技术体系 ... 6
- 1.3.1 Android 技术体系结构 ... 6
- 1.3.2 Android 技术体系结构说明 ... 7

1.4 Android 开发环境的搭建 ... 8
- 1.4.1 Android 开发环境所需工具 ... 8
- 1.4.2 Android 开发环境搭建流程 ... 9
- 1.4.3 Android Studio 安装流程 ... 10

本章小结 ... 13
习题 ... 13

第2章 Android 开发项目搭建及目录分析 ... 15
2.1 第一个 Android 项目 ... 15
- 2.1.1 使用 Android Studio 搭建 Android 项目工程 ... 15
- 2.1.2 使用 Android Studio 运行 Android 应用 ... 18

2.2 Android 模拟器 ... 18
- 2.2.1 Android 模拟器简介 ... 18
- 2.2.2 AVD 的创建 ... 19
- 2.2.3 AVD 的启动 ... 21
- 2.2.4 使用 AVD 运行 HelloWorld 应用 ... 21
- 2.2.5 Android 模拟器的使用限制 ... 22

2.3 Android 项目目录结构 ... 22
- 2.3.1 Android 项目结构 ... 23
- 2.3.2 自动生成的 R.java 文件 ... 24
- 2.3.3 res 目录说明 ... 25
- 2.3.4 AndroidManifest.xml 清单文件 ... 25
- 2.3.5 应用程序权限说明 ... 26

本章小结 ... 28
习题 ... 28

第3章 Android 项目打包及调试监控 ... 29
3.1 Android 项目打包 ... 29
- 3.1.1 Android 项目打包的过程 ... 29
- 3.1.2 使用 Android Studio 完成项目打包 ... 32
- 3.1.3 Android 项目签名的意义 ... 34
- 3.1.4 APK 文件的反编译 ... 35

3.2 Android 的调试监控 ... 35
- 3.2.1 什么是测试 ... 36
- 3.2.2 什么是 Logcat ... 36
- 3.2.3 Logcat 日志信息的查看方式 ... 36
- 3.2.4 Logcat 日志信息的解析 ... 37
- 3.2.5 Logcat 日志信息的使用 ... 37
- 3.2.6 Logcat 日志信息的过滤 ... 38
- 3.2.7 Logcat 实例 ... 39
- 3.2.8 使用 Logcat 调试程序 ... 40
- 3.2.9 使用 Debug 调试程序 ... 41

本章小结 ... 43
习题 ... 43

第4章 Android 事件响应 44

4.1 Android 事件响应的原理 44
- 4.1.1 基于监听的事件处理 44
- 4.1.2 基于回调的事件处理 45
- 4.1.3 基于监听的事件处理的实例 46

4.2 实现事件监听器的形式 47
- 4.2.1 内部类作为事件监听器类 47
- 4.2.2 外部类作为事件监听器类 47
- 4.2.3 Activity 本身作为事件监听器类 48
- 4.2.4 匿名内部类作为事件监听器类 49
- 4.2.5 XML 文件直接指定方法形式 50

4.3 常用的 Android 事件处理 51
- 4.3.1 点击事件的处理 51
- 4.3.2 长按事件的处理 53
- 4.3.3 焦点改变事件的处理 56
- 4.3.4 键盘事件的处理 58
- 4.3.5 触摸事件的处理 59
- 4.3.6 选择改变事件的处理 62

本章小结 65
习题 65

第5章 Android 消息提示 66

5.1 Toast 消息提示 66
- 5.1.1 默认效果 67
- 5.1.2 自定义显示位置 67
- 5.1.3 带图片效果 67

5.2 AlertDialog 消息提示 69
- 5.2.1 AlertDialog.Builder 类常用方法 69
- 5.2.2 创建 AlertDialog 的步骤 69

5.3 Notification 消息提示 70
- 5.3.1 通知管理器 71
- 5.3.2 Notification 的构建 71
- 5.3.3 Notification 的使用步骤 72

本章小结 74
习题 74

第6章 Android 资源管理 76

6.1 Android 资源简介 76
- 6.1.1 常用资源目录 77
- 6.1.2 资源文件的命名规则 77

6.2 资源的访问 77
- 6.2.1 在代码中访问资源 77
- 6.2.2 在 XML 中访问资源 78

6.3 常用的资源类型 79
- 6.3.1 字符串资源 79
- 6.3.2 颜色资源 80
- 6.3.3 尺寸资源 81
- 6.3.4 数组资源 83
- 6.3.5 可绘制对象资源 85

本章小结 94
习题 94

第7章 Android UI 组件 96

7.1 Android 用户界面框架 96

7.2 基本界面组件 97
- 7.2.1 组件常见属性 97
- 7.2.2 文本框 98
- 7.2.3 编辑框 98
- 7.2.4 按钮 99
- 7.2.5 复选框 100
- 7.2.6 单选按钮及单选按钮组 100
- 7.2.7 开关按钮 102
- 7.2.8 图像视图 103

7.3 ListView 组件 103
- 7.3.1 使用 entries 属性绑定数据源 104
- 7.3.2 数据适配器 105
- 7.3.3 使用 ArrayAdapter 适配器绑定数据源 106
- 7.3.4 使用 SimpleAdapter 适配器绑定数据源 107

7.4 Spinner 组件 108

7.5 复杂控件的使用方法 110

7.5.1　GridView 组件的使用方法 …… 110
7.5.2　AutoCompleteTextView
组件的使用方法 …… 112
7.5.3　ExpandableListView 组件的
使用方法 …… 113
7.5.4　TabHost 组件的使用方法 …… 118
7.5.5　ProgressBar 组件的使用方法 …… 121
7.6　菜单组件 …… 123
7.6.1　菜单的定义 …… 123
7.6.2　选项菜单 …… 123
7.6.3　上下文菜单 …… 125
本章小结 …… 126
习题 …… 126

第 8 章　Android UI 布局 …… 128
8.1　布局简介 …… 128
8.1.1　声明布局的方式 …… 128
8.1.2　编写 XML …… 128
8.1.3　加载 XML 资源 …… 129
8.1.4　属性 …… 129
8.2　线性布局 …… 131
8.2.1　主要属性 …… 131
8.2.2　布局权重 …… 132
8.2.3　示例 …… 132
8.3　相对布局 …… 133
8.3.1　主要属性 …… 134
8.3.2　示例 …… 134
8.4　帧布局 …… 135
8.4.1　主要属性 …… 136
8.4.2　示例 …… 136
8.5　表格布局 …… 139
8.5.1　主要属性 …… 139
8.5.2　示例 …… 140
8.6　绝对布局 …… 142
8.6.1　主要属性 …… 143
8.6.2　示例 …… 143
本章小结 …… 144
习题 …… 144

第 9 章　Android 基本组件 …… 145
9.1　Activity …… 145
9.1.1　Activity 生命周期 …… 145
9.1.2　向项目添加新的 Activity …… 146
9.2　Intent …… 149
9.2.1　Intent 简介 …… 149
9.2.2　Intent 常用属性 …… 149
9.3　Intent 消息传递 …… 154
9.3.1　单向消息传递 …… 154
9.3.2　获取返回值的消息传递 …… 154
9.3.3　Intent 消息传递实例 …… 155
9.4　Intent Filter …… 159
9.4.1　Action 和 Category 元素 …… 160
9.4.2　Data 元素 …… 161
9.4.3　Data 匹配规则 …… 161
9.4.4　<Data>过滤器配置 …… 162
9.5　Broadcast …… 164
9.5.1　实现广播的步骤 …… 164
9.5.2　广播发送常用函数 …… 165
9.5.3　示例 …… 165
9.6　Service …… 167
9.6.1　Service 调用方式 …… 168
9.6.2　Service 生命周期 …… 169
9.6.3　Service 音乐播放器实例 …… 169
9.6.4　系统内置服务 …… 177
9.7　数据共享 …… 178
9.7.1　ContentProvider 共享 …… 178
9.7.2　ContentProvider 操作
通讯录 …… 180
9.8　Android 访问权限 …… 183
本章小结 …… 185
习题 …… 185

第 10 章　数据存储之文件形式
存储 …… 187
10.1　SharedPreferences 数据存储 …… 187
10.1.1　SharedPreferences 类接口 …… 187

    10.1.2　SharedPreferences.Editor 类接口……188

    10.1.3　SharedPreferences 操作步骤……188

    10.1.4　SharedPreferences 实例……189

10.2　文件存储……191

    10.2.1　常用文件操作函数……191

    10.2.2　内部存储……192

    10.2.3　外部存储……195

本章小结……199

习题……199

第 11 章　数据存储之数据库存储……200

11.1　SQLite 数据库简介……200

11.2　SQLite 数据库常用命令……200

11.3　SQLite 数据库操作……201

11.4　Android 中的 MVC 数据库编程……205

本章小结……212

习题……212

第 12 章　综合案例……213

12.1　App 的简介和设计……213

    12.1.1　App 功能设计……213

    12.1.2　App 性能要求……214

    12.1.3　App 开发环境要求……214

    12.1.4　App 系统架构设计……214

    12.1.5　App 存储架构设计……215

    12.1.6　App 数据库设计……216

12.2　用户登录……218

    12.2.1　用户登录的页面设计……218

    12.2.2　登录页面 Activity 设计……221

    12.2.3　登录操作数据库搭建……223

    12.2.4　实现登录校验……226

    12.2.5　登录成功效果……227

12.3　其他模块代码介绍……228

    12.3.1　注册功能介绍……228

    12.3.2　购物车功能介绍……228

    12.3.3　订单功能介绍……234

本章小结……234

习题……235

第 1 章　Android 概述

学习目标
- 了解移动智能设备开发的基本情况
- 了解 Android 发展史
- 熟悉 Android 技术体系
- 掌握 Android 开发环境搭建的方法

移动智能设备开发简介

1.1　移动智能设备开发简介

2018 年 "世界移动互联网大会" 的召开，标志着移动互联网已处于一个新旧时代转换的重要时期。第五代移动网络（5th Generation Mobile Networks）及第五代移动通信技术（5th Generation Wireless Systems，5th-Generation）的面世将大幅提升移动互联网的速度，彻底打通移动互联网和其他行业间的"任督二脉"。

在移动互联网技术发展的同时，移动智能终端也在迅猛发展。除智能手机的不断发展外，更多的智能设备（如智能手表、智能空调、智能电视）也逐渐走入寻常百姓家。随着硬件、软件和通信技术的发展，智联万物已逐渐成形。正因如此，移动智能软硬件开发人才需求呈井喷式增长。

移动智能设备开发是指以移动智能终端、车载智能终端、智能电视、可穿戴设备等为基础的开发工作。移动智能设备开发，类似于传统的计算机桌面程序的开发。移动设备所用的操作系统不同，其开发语言也不同。从早期的塞班（Symbian）操作系统，到曾经占据一定市场份额的黑莓（BlackBerry）、Windows Phone 操作系统，以及当前国内外比较流行、几乎垄断了移动智能设备开发市场的 iOS 和安卓（Android）操作系统。这些操作系统经历了几番波折，彼此之间的应用软件互不兼容。

下面简单对比一下几个操作系统。

1.1.1　Symbian 操作系统

Symbian 系统（见图 1.1）是塞班公司为手机设计的操作系统。Symbian 是一个实时性、多任务的纯 32 位操作系统，具有功耗低、内存占用少等特点；在有限的内存和运行内存情况下，非常适合手机等移动设备使用；可以支持通用分组无线服务（General Packet Radio Service，GPRS）、Bluetooth（蓝牙）、近场通信（Near Field Communication，NFC）以及 3G 技术。

图 1.1　Symbian 系统的 Logo

2008 年 12 月 2 日，塞班公司被诺基亚公司收购。2011 年 12 月 21 日，诺基亚公司宣布放弃 Symbian 品牌。由于缺乏新技术支持，Symbian 的市场份额日益萎缩。2012 年 5 月 27 日，诺基亚公司彻底放弃开发 Symbian 系统。2013 年 1 月 24 日，诺基亚公司宣布今后不再发布 Symbian 系统的手机，这意味着 Symbian 这个智能手机操作系统，在创立 14 年之后终于迎来了谢幕。2014 年 1 月 1 日，诺基亚公司正式停止了对 Symbian 应用的更新，也禁止开发人员发布新应用。

1.1.2　BlackBerry 操作系统

BlackBerry 是 Research in Motion（RIM，加拿大通信公司）推出的一个无线手持通信设备品牌，于 1999 年创立。其特色是支持推动式电子邮件、移动手机、文字短信、互联网传真、网页浏览及其他无线服务，并加入了个人数码助理功能，如电话簿、语音通信等。大部分 BlackBerry 设备附带小型但完整的 QWERTY 键盘，方便用户输入文字。

RIM 公司打造的安装有 BlackBerry 系统的手机曾经是智能手机市场的主导品牌之一（见图 1.2）。

图 1.2　BlackBerry 系统的 Logo

2006 年，BlackBerry 手机在美国的市场占有率高达 48%，但是在与 iPhone 系列手机及 Android 系列手机的竞争中，BlackBerry 成为失败者。BlackBerry 这一品牌价值自 2012 年就开始严重贬值。据统计，BlackBerry 在全球智能手机操作平台所占的市场份额从 2011 年 7 月的 21.7% 下跌到了 2012 年 10 月的 9.5%。2016 年 10 月，RIM 公司正式宣布停止研发和生产智能手机。

1.1.3　Windows Phone 操作系统

Windows Phone（WP）是微软（Microsoft）公司于 2010 年 10 月 21 日正式发布的一款手机操作系统，初始版本命名为 Windows Phone 7.0。其基于 Windows CE 内核，采用了一种称为 Metro 的用户界面，并将微软公司旗下的 Xbox Live 游戏、Xbox Music 音乐与独特的视频体验集成在手机中。

Windows Phone 具有桌面定制、图标拖曳、滑动控制等一系列操作功能。其主屏幕通过提供类似仪表盘的体验来显示新的电子邮件、短信、未接来电、日历约会以及 IE Mobile 浏览器等，让人们对重要信息保持时刻更新。它还包括一个增强的触摸屏界面，更方便手指操作。

随着 iOS 和 Android 的发展，Windows Phone 的市场占有率日渐萎缩。2019 年 12 月 10 日，微软公司宣布 Windows Phone 停止发送新的安全更新。

图 1.3 所示为 Windows Phone 8 系统的界面。

图 1.3　Windows Phone 8 系统的界面

1.1.4　iOS 操作系统

iOS 是由苹果（Apple）公司开发的移动操作系统。苹果公司最早于 2007 年发布了这个系统，最初是设计给 iPhone 使用的，后来陆续套用到 iPod Touch、iPad 及 Apple TV 等产品上。iOS 与 macOS 操作系统一样，属于类 UNIX 的商业操作系统。原本这个系统名为 iPhone OS，因为 iPad、iPhone、iPod Touch 都使用 iPhone OS，所以 2010 年改名为 iOS。

1. iOS 系统的发展历程

2007 年 6 月，苹果公司发布第一版 iOS 操作系统，最初的名称为"iPhone Runs OS X"。

2007 年 10 月，苹果公司发布了第一个本地化 iPhone 应用程序开发包（Software Development Kit，SDK）。

2008 年 3 月，苹果公司发布了第一个测试版开发包，并且将"iPhone Runs OS X"改名为"iPhone OS"。

2008 年 9 月，苹果公司将 iPod Touch 的系统也换成了"iPhone OS"。

2010 年 2 月，苹果公司发布了 iPad，iPad 同样搭载了"iPhone OS"。同年，苹果公司重新设计了"iPhone OS"的系统结构和自带程序。

2010 年 6 月，苹果公司将"iPhone OS"改名为"iOS"，同时还获得了思科 iOS 的名称授权。

2012 年 2 月，iOS 的应用总量达到 552247 个，其中游戏类应用最多，达到 95324 个，比重为 17.26%；书籍类应用以 60604 个排在第二，比重为 10.97%；娱乐类应用排在第三，总量为 56998 个，比重为 10.32%。

2013 年 9 月，苹果公司在 2013 秋季新品发布会上正式提供 iOS 7 下载更新。

2014 年 6 月，苹果公司发布了 iOS 8，并提供了开发者预览版更新。

2019 年 6 月，在全球开发者大会上，苹果公司发布 iOS 新版操作系统，新版的 iOS 可以实现语音控制。同年 9 月，苹果公司推出了 iOS 13 正式版。

2020 年 9 月，苹果公司发布 iOS 14 正式版，更新了 iPhone 的核心使用体验，其中包括 App 重大更新和一些全新功能。

2. iOS 的内置应用

（1）Siri：能够利用语音来完成发送信息、安排会议、查看某项比赛最新的比分等很多事务。Siri 可以听懂用户说的话，甚至还能有所回应。iOS 中的 Siri 的界面以淡入视图浮现于任意屏幕画面的最上层，而且它回答问题的速度很快，还能查询更多信息源。它可以承担回电话、播放语音邮件、调节屏幕亮度等任务。

（2）Facetime：该应用可让用户使用 iOS 设备通过 WLAN 或移动网络与其他人进行视频通话。

（3）iMessage：这是一项比手机短信更出色的信息服务。用户可以通过 WLAN 网络连接任何 iOS 设备或 Mac 用户免费收发信息，而且信息数量不受限制。iMessage 不仅可以发送文本信息，还可以发送照片、视频、位置信息和联系人信息。iMessage 包含手机短信服务。

（4）Safari：一款很受欢迎的移动网络浏览器。用户不仅可以使用 Safari 排除网页上的干扰，还可以保存阅读列表，以便进行离线浏览。

（5）iCloud：可以存放照片、应用（Application，App）、电子邮件、通讯录、日历和文档等内容，并以无线方式将它们推送到用户所有的设备上。如果用户使用 iPad 拍摄照片或编辑日历事件，iCloud 能确保这些内容也会出现在用户的 Mac、iPhone 和 iPod Touch 上，而无须用户进行任何操作。iCloud 标签可以跟踪各个设备上已打开的网页，因此上次在一部设备上浏览的内容，用户可以在另一部设备上从停止的地方继续浏览。

（6）软件更新：iOS 可以免费更新。新的更新发布后，用户可以通过无线方式将其下载到 iPhone、iPad 或 iPod Touch。设备甚至可以适时提醒用户下载最新的版本。

1.1.5　Android 操作系统

Android 是一种基于 Linux 的免费及开放源代码的操作系统，主要应用于移动设备，如智能手机和平板电脑。它由谷歌（Google）公司和开放手机联盟（Open Handset Alliance）领导及开发。

Android 系统最初由安迪·鲁宾（Andy Rubin）开发，2005 年 8 月由 Google 公司收购注资。2007 年 11 月，Google 公司与 84 家硬件制造商、软件开发商及电信营运商组建开放手机联盟共同研发改良 Android 系统。随后 Google 公司以 Apache 开源许可证的授权方式，发布了 Android 的源代码。

随着开放手机联盟的发展和 Android 系统的推广，大幅减少了移动设备和服务的开发及推广成本。Android 是一个完全整合的移动软件系统，包括一个操作系统、中间件、便于用户使用的界面以及各类应用。手机厂商和移动运营商可以自由定制 Android。基于 Android 系统的第一部手机于 2008 年下半年推出。

自第一部 Android 智能手机发布后，Android 系统开始逐渐应用到平板电脑及其他领域，如电视、数码相机、游戏机、智能手表等。2011 年第一季度，Android 在全球的市场份额首次超过了 Symbian 系统，跃居全球第一。2013 年第四季度，Android 系统手机的全球市场份额已经达到 78.1%。2020 年，在移动端操作系统市场份额中，Android 系统占比最高，为 72%。

Android 系统开发是本书讲解的主要内容，具体的 Android 系统的相关知识，将在本书的后续内容中进行介绍。

1.2 Android 系统发展史

1.2.1 Android 系统的历史版本

自 2007 年 Google 公司推出第一个 Android 系统至今，诞生过几个较普及的 Android 系统版本，同时应运而生的也有几个开发人员常使用的应用程序编程接口（Application Programming Interface，API）。比较普及的 Android 系统版本、代号及其对应的 API 和发布时间如表 1.1 所示。

表 1.1 Android 系统与对应的 API

系统版本	代号	对应 API	发布时间
Android 1.0		API 1	2008 年 10 月
Android 1.5	Cupcake（纸杯蛋糕）	API 3	2009 年 4 月
Android 1.6	Donut（甜甜圈）	API 4	2009 年 9 月
Android 2.0	Eclair（松饼）	API 6	2009 年 12 月
Android 2.2	Froyo（冻酸奶）	API 8	2010 年 5 月
Android 2.3	Gingerbread（姜饼）	API 9	2010 年 12 月
Android 3.0	Honeycomb（蜂巢）	API 11	2011 年 2 月
Android 4.0	Ice Cream Sandwich（冰激凌三明治）	API 14	2011 年 4 月
Android 4.1	Jelly Bean（果冻豆）	API 16	2012 年 6 月
Android 4.4	KitKat（奇巧）	API 19	2013 年 9 月
Android 5.0	Lollipop（棒棒糖）	API 21	2014 年 10 月
Android 6.0	Marshmallow（棉花糖）	API 23	2015 年 9 月
Android 7.0	Nougat（牛轧糖）	API 24	2016 年 8 月
Android 8.0	Oreo（奥利奥）	API 26	2017 年 8 月
Android 9.0	Pie（派）	API 28	2018 年 5 月
Android 10.0	Android Q	API 29	2019 年 9 月
Android 11.0	Android R	API 30	2020 年 9 月

考虑到系统的稳定性，本书的开发环境为 Android 7.0 的系统。对应 Android 系统的版本，本书将着重使用 API 24 进行讲解。

1.2.2 Android 系统版本的市场占比

截至 2020 年 9 月，根据 Google 官网统计的数据，不同版本的 Android 系统的市场占比情况如图 1.4 所示。

由图 1.4 可见，Android 6.x、Android 7.x 的占比较高，因此开发人员也更多地使用这两个版本进行 Android 应用的开发。

Version	Codename	API	Distribution
2.3.3 - 2.3.7	Gingerbread	10	0.3%
4.0.3 - 4.0.4	Ice Cream Sandwich	15	0.3%
4.1.x	Jelly Bean	16	1.2%
4.2.x		17	1.5%
4.3		18	0.5%
4.4	KitKat	19	6.9%
5.0	Lollipop	21	3.0%
5.1		22	11.5%
6.0	Marshmallow	23	16.9%
7.0	Nougat	24	11.4%
7.1		25	7.8%
8.0	Oreo	26	12.9%
8.1		27	15.4%
9	Pie	28	10.4%

图 1.4　不同版本的 Android 系统的市场占比情况

1.3　Android 技术体系

Android 技术体系

1.3.1　Android 技术体系结构

Android 系统的底层建立在 Linux 系统之上。该平台由操作系统、中间件、用户界面和应用软件 4 层组成。它采用一种被称为软件叠层（Software Stack）的方式进行构建。这种软件叠层结构使层与层之间相互分离，明确各层的分工。这种分工保证了层与层之间的低耦合，当下层的层内或者层下发生改变时，上层应用程序无须做出任何改变。

Android 系统的体系结构如图 1.5 所示。

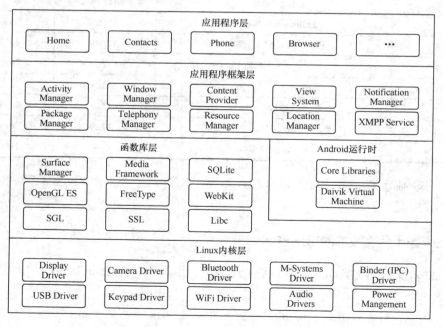

图 1.5　Android 系统的体系结构

1.3.2 Android 技术体系结构说明

下面对 Android 技术体系结构进行分析。

1. 应用程序层

Android 系统包含一系列的核心应用程序，如电子邮件客户端、短信、日历、地图、浏览器、联系人等，这些应用程序通常都是用 Java 编写的。本书将使用应用程序框架层完成应用程序层的开发。

2. 应用程序框架层

Android 应用是面向底层的应用程序框架的。从这一点来看，Android 系统运行的应用程序是完全平等的，不管是 Android 系统提供的程序，还是普通开发者提供的程序，都可以访问 Android 系统的 API。

Android 为开发者提供的开放平台位于应用程序的下一层，主要提供了开发应用程序时用到的各种 API。Android 提供的是一组服务和系统，在开发应用程序层应用时均可直接使用。常用的 API 介绍如下。

（1）视图系统（View System）：构建应用程序的界面。
（2）内容提供者（Content Provider）：允许应用程序访问其他应用程序的数据或者共享数据。
（3）通知管理器（Notification Manager）：允许应用程序在状态栏上显示定制的提示信息。
（4）活动管理器（Activity Manager）：管理应用程序的生命周期，提供一个通用的导航功能。
（5）资源管理器（Resource Manager）：提供对非代码资源的管理。

应用程序框架层除可作为应用程序开发的基础外，也是软件复用的重要手段。任何一个应用程序都可以发布它的功能模块并将之作为应用程序层供其他应用程序使用，只要发布时遵守应用程序框架层的约定要求即可。

3. 函数库层

核心类库包含了系统库和 Android 运行环境。系统库主要包括一组 C/C++库，应用于 Android 系统中不同的组件。这些组件通过 Android 应用程序框架对开发者开放。

一些相关的核心类库介绍如下。

（1）C 语言系统（Libc）：派生于标准 C 语言系统，并根据嵌入式 Linux 设备进行调优。
（2）多媒体库（Media Framework）：基于 OpenCore 多媒体开源框架，该库支持多种视频、音频文件。
（3）外观管理器（Surface Manager）：管理访问子系统的显示，将 2D 绘图与 3D 绘图进行显示上的合成。
（4）SGL：底层的 2D 图形引擎。
（5）Open GL for Embedded Systems（OpenGL ES）：基于 OpenGL ES API 的实现，该库使用了硬件 3D 加速或高度优化的 3D 软件光栅。
（6）FreeType：用于位图和矢量字体的渲染。
（7）SQLite：关系型数据库。

4. Android 运行时

运行时库又分为核心库和 Android 运行时（Android Runtime，ART）。核心库提供了 Java 语言核心库的大多数功能，因此开发者可以使用 Java 语言来编写 Android 应用。相较于 Java 虚拟机（Java Virtual Machine，JVM），Dalvik 虚拟机是专门为移动设备定制的，允许在有限的内存中同时运行多个虚拟机的实例，并且每一个 Dalvik 应用都会作为一个独立的 Linux 进程执行（独立的进程可以防止在虚拟机崩溃时所有程序都被关闭）。替代 Dalvik 虚拟机的 ART 的机制与它不同。在 Dalvik 下，应用每次运行的时候，字节码都需要通过即时编译器转换为机器码，这会拖慢应用的运行效率；而在 ART 环境中，应用在第一次安装时，字节码就会预先编译成机器码，使其成为真正的本地应用。

Dalvik 虚拟机是 Google 公司设计的用于 Android 平台的虚拟机。它可以简单地完成进程隔离和线程管理，并且提高内存的使用效率。每个 Android 应用在底层都会对应一个独立的 Dalvik 虚拟机实例。Dalvik 虚拟机的编译过程如图 1.6 所示。Android 5.0 之后，Dalvik 虚拟机便被 ART 取代了。

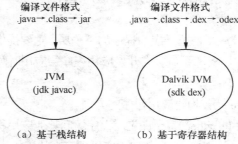

图 1.6　Dalvik 虚拟机的编译过程

5. Linux 内核层

Android 依赖于 Linux 相应版本的核心系统服务，如安全、内存管理、进程管理、网络堆栈、驱动程序模型。此外，Linux 内核层也是系统硬件和软件之间的抽象层。

1.4　Android 开发环境的搭建

要进行 Android 应用设计，首先要搭建好开发环境。当前，主流开发平台是 Google 公司为 Android 开发提供的官方集成开发环境（Integrated Development Environment，IDE）工具 Android Studio。

Android Studio 不是基于 Eclipse，而是基于 IntelliJ IDEA 的 Android 开发环境。IntelliJ IDEA 一直都是一款流行的 Java 开发的 IDE 工具。因为 IntelliJ IDEA 是一款商业的 IDE，所以影响了 IntelliJ IDEA 的广泛应用。Google 公司推出以 IntelliJ IDEA 为基础的 Android Studio 可以免费使用，对于 Android 的推广有重大的意义。

下面介绍 Windows 7 操作系统下 Android Studio 的安装和配置步骤。

1.4.1　Android 开发环境所需工具

1. Java 开发环境

Java 开发工具包（Java Development Kit，JDK）的基本组件及功能包括：编译器将源程序转成字节码；打包工具将相关的类文件打包成一个文件；文档生成器从源码注释中提取文档；查错工具用来进行调试和错误修改；程序运行器运行编译后的 Java 程序（扩展名为 .class）。

JDK 从官网下载即可。Android 开发需要 JDK 1.8 及以上版本。

2. Android Studio 开发环境

Android Studio 集成开发环境基于 IntelliJ IDEA，是 Google 当前主推的开发平台，提供了集成的 Android 开发工具，可从 Android 官方网站直接进行下载（本书下载的是 android-studio-bundle-143.2821654-windows）。

1.4.2 Android 开发环境搭建流程

1. 计算机硬件要求

因为 Android Studio 对计算机硬件的要求较高，所以建议安装 Android Studio 的计算机至少要有 4GB 的内存容量，推荐使用 8GB 及更大的内存容量。查询内存信息可参照图 1.7 中"安装内存"的值。

图 1.7　计算机基本信息

2. 安装 JDK

安装 JDK 可以为计算机提供 Java 开发环境和 Java 应用的运行环境。以 JDK 1.8 为例，参照图 1.8~图 1.10 进行 JDK 安装。

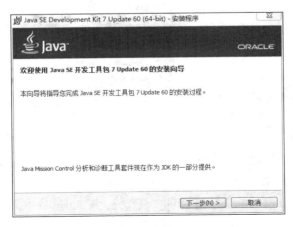

图 1.8　安装向导

图 1.9　安装路径选择　　　　　　　　　图 1.10　安装完成

　　JDK 安装成功后，需要完成以下环境变量的配置，以保证计算机可以正常访问检索到当前的 JDK 环境。

　　（1）Java_home：JDK 安装路径。

　　（2）Classpath：%Java_home%\lib。

　　（3）Path：%Java_home%\bin。

　　若要检验环境变量是否配置成功，可在命令行中输入 java-version 来进行查看，若能输出对应的 JDK 的版本号，就说明配置成功了。

1.4.3　Android Studio 安装流程

　　（1）运行从官网下载得到的 Android Studio 安装包文件，弹出图 1.11 所示的安装向导窗口。

　　（2）单击开始安装页面中的"Next"按钮，如图 1.12 所示。

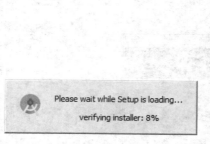 

图 1.11　安装向导窗口　　　　　　　　　图 1.12　开始安装页面

　　（3）如图 1.13 所示，选择安装"Android SDK"和"Android Virtual Device"，单击"Next"按钮。

　　（4）如图 1.14 所示，单击"I Agree"按钮，同意相关协议。

　　（5）选择 Android Studio 和 Android SDK 的安装路径，即 Android Studio 默认安装路径和 Android SDK 默认下载路径（不需要手动下载 SDK），如图 1.15 所示。

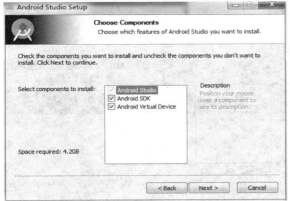
图 1.13　选择要安装的内容

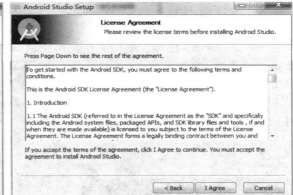
图 1.14　同意相关协议

（6）如图 1.16 所示，单击"Install"按钮进行安装，安装需等待较长时间。

图 1.15　选择安装路径

图 1.16　开始安装

（7）如图 1.17 所示，单击"Finish"按钮，完成安装。
（8）如图 1.18 所示，初次安装 Android Studio 时，选择不导入设置后单击"OK"按钮。

图 1.17　完成安装

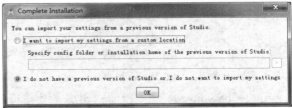
图 1.18　选择是否导入

（9）运行 Android Studio，启动界面如图 1.19 所示。

（10）进入欢迎界面，如图 1.20 所示。

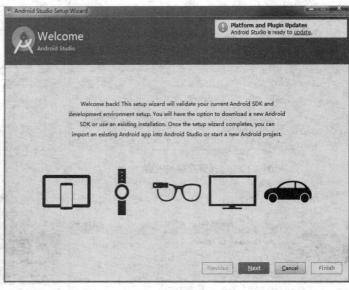

图 1.19　启动界面　　　　　　　　　　图 1.20　欢迎界面

（11）选择安装类型为标准（Standard）模式后，单击"Next"按钮，如图 1.21 所示。

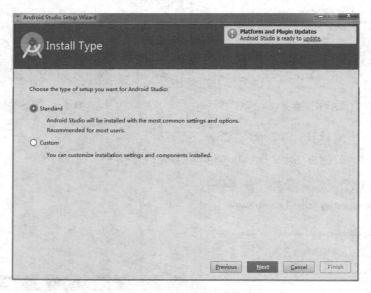

图 1.21　选择安装类型

（12）下载 SDK 组成部分。为了便于以后在不同平台上调试，可下载安装 SDK 全部软件包，也可导入自己下载的 Android SDK。

Android Studio 安装完成界面和 SDK 版本选择及自动下载界面如图 1.22 和图 1.23 所示。

经过以上操作，Android Studio 的安装过程就结束了，可以开始进行 Android 项目的开发了。

第 1 章 Android 概述

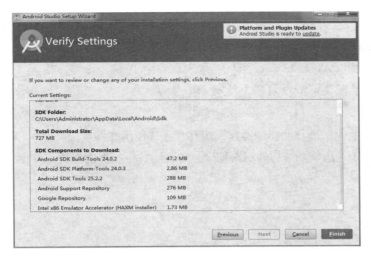

图 1.22　Android Studio 安装完成

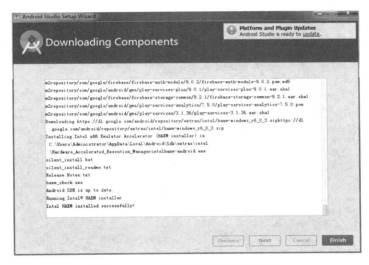

图 1.23　SDK 版本选择及自动下载完成

本 章 小 结

本章主要介绍了 Android 系统的基础知识及 Android 开发环境的搭建。首先介绍了市面上流行的手机开发系统，然后介绍了 Android 应用开发系统的历史及体系结构，最后介绍了 Android 开发环境的配置。本章作为 Android 的入门基础，读者需要掌握开发环境的配置方法。

习　　题

一、填空题

1. 在 Android 开发环境中，SDK 组件的作用是用于（　　　　）Android 应用。
2. 在 Android 开发环境中，（　　　　）组件的作用是虚拟机管理。

二、判断题

1. 电子邮件客户端属于 Android 平台体系结构的应用程序框架层。(　　)
2. Android 中使用 AVD Manager 工具进行 SDK 版本控制。(　　)
3. Android 只能在 Windows 环境下开发。(　　)

三、问答题

1. 写出 2 种当前比较流行的移动操作系统并介绍其作用和特点。
2. 简述 Android 平台体系结构的层次划分,并说明各个层次的作用。

第 2 章　Android 开发项目搭建及目录分析

学习目标
- 掌握 Android 开发项目的搭建过程
- 掌握 Android 模拟器的使用方法
- 理解 Android 项目目录结构

第一个 Android 项目

2.1　第一个 Android 项目

第 1 章介绍了安装 JDK、配置 Android 开发环境变量、安装 Android Studio 的详细过程，下面介绍一个 Android 应用的开发——HelloWorld。

Android 应用的开发都是建立在 Android 应用程序框架层之上的，即第 1 章提到的 Android 开发的五层架构中的应用程序框架层提供的开发框架。Android 编程就是面向应用程序框架的 API 编程。这种开发方式的编写与普通的 Java 企业版（Java Platform Enterprise Edition，Java EE）项目开发方式类似，只是增加了一些 API。

下面将通过创建 HelloWorld 实例详细介绍 Android 项目工程的搭建过程。

2.1.1　使用 Android Studio 搭建 Android 项目工程

使用 Android Studio 进行 Android 应用开发非常简单。根据 Android 应用的结构，基本可以分为以下三个步骤。

① 创建一个 Android 项目或者 Android 模块。
② 在项目中编写 XML 布局页面，实现应用程序的用户界面。
③ 编写对应的 Java 文件，实现页面及业务逻辑处理。

下面通过一个 HelloWorld 的应用程序，对以上三个步骤进行具体的实现。

（1）启动 Android Studio，选择主菜单的"File/New Project"菜单项，创建一个 Android 项目（如果安装后尚未启动过 Android Studio，可以在初始页面选择"Start a new Android Studio project"，如图 2.1 所示），Android Studio 将会弹出图 2.2 所示的对话框。

（2）在图 2.2 所示的对话框中输入应用名（Application name）、公司域名（Company Domain）、包名（Package name）和项目存储路径（Project location），然后单击"Next"按钮，进入下一步，将会弹出图 2.3 所示的选择最低版本的 SDK（Minimum SDK）对话框。

图 2.1　Android Studio 启动页面

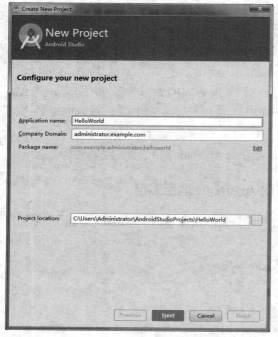

图 2.2　Android 项目信息对话框

图 2.3　选择最低版本的 SDK 对话框

　　注意，对 SDK 版本的选择为项目所适用的 SDK 的最低版本，一般默认选择 API 15，该版本可以满足市场上绝大多数 Android 设备的使用。最低版本越高，可以覆盖的 Android 设备的比例越小。但并非选择 API 版本越低越好。例如，有些方法会因 API 版本的升级发生改变（或新增、淘汰），因此，要根据业务需要选择适当的 API。

　　（3）在图 2.3 中完成对 SDK 的最低版本的选择后，单击"Next"按钮，进入图 2.4 所示的 Android 待添加活动（Activity）的选择对话框。Android Studio 提供了有特殊样式的 Activity 页面，如登录页面、个人信息详情页面等。开发人员进行开发时，一般选择空白的 Activity 页面，以方便进行自定义的设计开发，故此处选择 Empty Activity，单击"Next"按钮进入下一步，将会弹出图 2.5 所示的对话框。

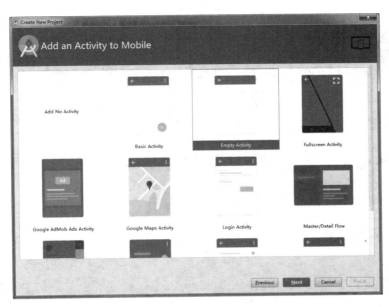

图 2.4　Activity 选择对话框

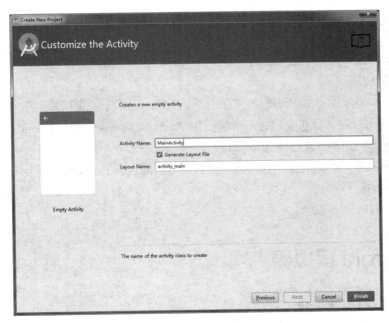

图 2.5　Activity 详细信息对话框

（4）在图 2.5 所示的对话框中可设置 HelloWorld 应用程序项目的默认文件。其中，MainActivity 对应 Java 文件，用于实现页面事件处理和发生在首页面的业务逻辑处理；activity_main 对应 XML 文件，用于实现首页面的页面布局。这两个文件体现了 Android 项目开发的一般思路，即页面设计和业务处理相分离，分别在不同的文件中开发。

（5）单击图 2.5 中的"Finish"按钮，即可完成一个 Android 项目的构建，该项目中包含一个 Android 应用，Android Studio 将会启动 Gradle 进行自动构建。构建成功后，将得到图 2.6 所示的 Android 项目初始页面。

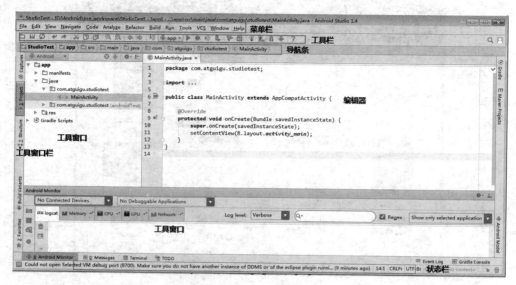

图 2.6　Android 项目初始页面

2.1.2　使用 Android Studio 运行 Android 应用

通过 2.1.1 节的操作，我们已经完成了一个 Android 应用的创建。我们可以通过 Android 设备，对该应用进行安装使用。

通过 Android Studio 运行 Android 应用的方法有很多，既可以将应用部署到已经连接到开发者计算机的设备上，也可以在计算机上创建一个模拟的 Android 设备来运行 Android 应用，甚至可以将 Android 应用打包，将安装包发送到 Android 设备上安装使用。

考虑到 Android 应用调试的效率和对不同手机型号的需求，开发人员一般会使用 Android 模拟器进行 Android 应用的运行调试。

下面将介绍 Android 模拟器。

2.2　Android 模拟器

2.2.1　Android 模拟器简介

Android 模拟器是一个运行在计算机上的"虚拟手机"。实际上，Android 模拟器不仅可以成为"虚拟手机"，也可以成为"虚拟手表""虚拟电视""虚拟眼镜"等设备。在不使用真机的情况下，Android 模拟器可以为 Android 开发人员提供更多的机型和更多的系统选择。

Android Studio 作为一个集成的 Android 开发工具，更好地为开发人员集成了 Android 开发所需的各种开发调试工具。在 Android Studio 的开发过程中，开发人员既可以选择安装 Android Studio 提供的 Android 虚拟设备（Android Virtual Device，AVD），也可以使用第三方提供的模拟器进行 Android 应用的运行调试。

下面将介绍如何使用 Android Studio 提供的 AVD 进行 Android 模拟器的创建及应用。

2.2.2　AVD 的创建

通过选择 Android Studio 主菜单栏中的"Tools/Android Studio/Android Virtual Device"菜单项，打开选择 AVD 的窗口，如图 2.7 所示。

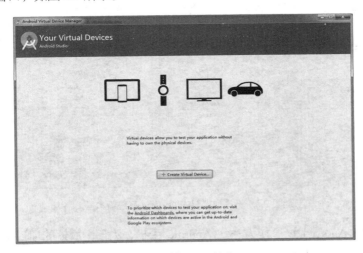

图 2.7　选择 AVD 的窗口

在图 2.7 所示的窗口中，单击"Create Virtual Device"按钮，开始进行新建 Android 模拟器的操作，具体步骤如下。

（1）选择模拟器的类型和分辨率，如图 2.8 所示。

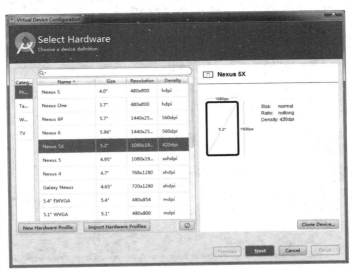

图 2.8　选择模拟器的类型和分辨率

AVD 提供了四种可供选择的 Android 模拟器类型，包括 Phone（手机）模拟器、Tablet（平板电脑）模拟器、Wear（可穿戴设备）模拟器、TV（电视）模拟器，这里选择 Phone（手机）模拟器。图 2.8 中的"Name"列为模拟的 Android 手机的机型，主要选择 Android 模拟器的分辨率。

（2）选择模拟器的 Android 系统版本号，如图 2.9 所示。

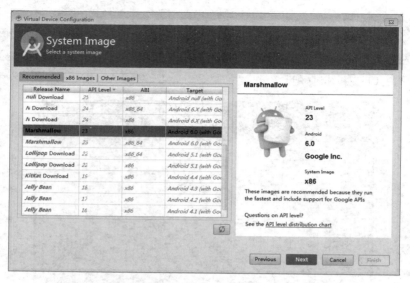

图 2.9　选择模拟器的 Android 系统版本号

将模拟器模拟的 Android 设备作为一台 Android 手机，为便于后期的项目运行，需要为它安装 Android 系统，搭建模拟器的运行环境。

（3）配置模拟器的基础信息，如图 2.10 所示。

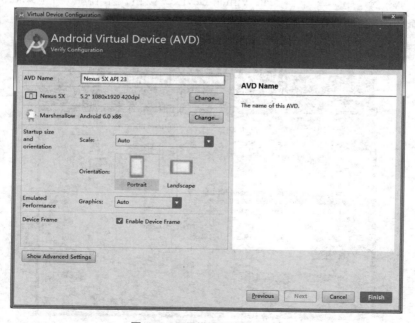

图 2.10　配置模拟器的基础信息

Android 模拟器的分辨率和所运行的 Android 系统的版本配置完成之后，可以配置其他信息。例如，AVD 的名字（默认由选择的机型和 API 的版本构成），模拟器运行时的横竖屏状态，对前期选择过的模拟器的分辨率和 Android 系统的版本进行修改。

2.2.3 AVD 的启动

AVD 创建完成后，可以对 AVD 进行启动。AVD 的启动有两种方式。

（1）从主菜单中打开 AVD 选择对话框，选择 "Tools/Android Studio/Android Virtual Device" 菜单，此时弹出的对话框如图 2.11 所示，可以从对话框中获取当前已经创建好的所有 Android 模拟器。

从图 2.11 所示的选择对话框中，可以看到当前已经创建的 AVD 的详细信息。选中要启动的 AVD，在 Actions 列中单击对应的启动按钮，即可启动效果。

启动完成后，可以得到图 2.12 所示的效果。

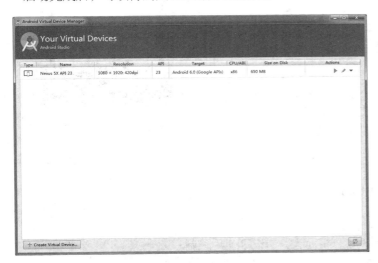

图 2.11　AVD 选择对话框　　　　　　　　图 2.12　AVD 启动效果

（2）直接从工具栏中找到 "Android Virtual Device" 菜单项对应的图标，单击打开得到 AVD 选择对话框，效果同图 2.11 一致，这里不再赘述。

需要注意的是，AVD 启动需要 BIOS 提供支持。若启动 AVD 的过程中系统提示 BIOS 错误，则需要进入计算机系统的 BIOS 中，将虚拟化技术的状态改为"开启"状态，保存并重启计算机，即可解决此问题。

2.2.4 使用 AVD 运行 HelloWorld 应用

前面提到的 Android 项目可以使用 Android 模拟器来运行。下面介绍如何使用 AVD 运行 2.1 节创建完成的 HelloWorld 应用。

打开 HelloWorld 的编写完成页面，单击工具栏中的启动按钮，如图 2.13 所示。

图 2.13　工具栏

将会弹出选择要使用的 Android 模拟器对话框，如图 2.14 所示。

选择刚刚创建的"Nexus 5X API 23"模拟器，单击"OK"按钮，Android Studio 会自动构建 HelloWorld 应用程序的安装包，并安装到该模拟器上，安装成功后，将会在模拟器上显示 HelloWorld 应用的运行效果，如图 2.15 所示。

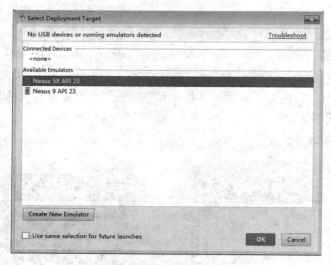
图 2.14　选择要使用的 Android 模拟器

图 2.15　HelloWorld 应用的运行效果

这样，一个 Android 应用就完成了开发和运行的全过程。

2.2.5　Android 模拟器的使用限制

虽然 Android 模拟器可以在计算机端为开发人员模拟 Android 设备，但由于硬件支持等原因，Android 模拟器相对于 Android 移动设备真机而言，有以下使用限制。

（1）不支持拨打或接听真实电话，但是可以使用模拟器控制台模拟电话呼叫。
（2）不支持 USB 连接。
（3）不支持相机/视频采集（输入）。
（4）不支持设备连接耳机。
（5）不支持确定连接状态。
（6）不支持确定电量水平和交流充电状态。
（7）不支持确定 SD 卡插入/弹出。
（8）不支持蓝牙。

总的来说，Android 模拟器的使用限制基本上是硬件要求的限制。当开发者需要对硬件（如蓝牙、传感器）进行操作时，只能在 Android 真机设备上运行 Android 应用。

2.3　Android 项目目录结构

使用 Android Studio 开发 Android 应用简单、方便，除创建 Android 项目，开

发者只需要做两件事情，一是使用 activity_main.xml 文件设计定义用户界面，二是使用 Java 文件编写业务实现。那么，这么明显的分工如何来进行两种文件之间的交互呢？怎样使 XML 文件指向的布局文件和进行页面业务处理的 Java 文件绑定在一起呢？

下面将通过对 HelloWorld 项目的项目结构分析，介绍 Android 应用开发时项目工程中的文件作用和联系。

2.3.1 Android 项目结构

通过前面的 HelloWorld 应用项目的构建，可以得到 Android 项目的基本结构，如图 2.16 所示。

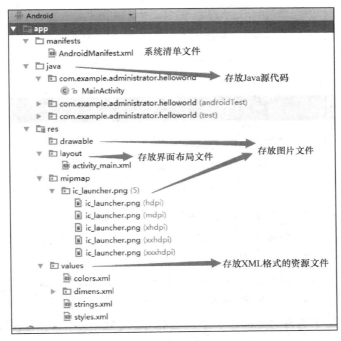

图 2.16　Android 项目的基本结构

在图 2.16 所示的文件结构中，manifests 目录、java 目录、res 目录都是 Android 项目所必需的。

（1）manifests 目录：该目录只有一个 AndroidManifest.xml 文件，这是 Android 项目的系统清单文件，用于控制 Android 应用的名称、图标、访问权限等整体属性。此外，Android 应用的 Activity、Service、ContentProvider、BroadcastReceiver 四大基本组件都需要在该文件中配置。

（2）java 目录：用于存放 Java 源代码的目录。

（3）res 目录：存放 Android 项目的各项资源文件。layout 目录下存放界面布局文件；values 目录下则存放各种 XML 格式的资源文件，如颜色资源文件 colors.xml、尺寸资源文件 dimens.xml、字符串资源文件 strings.xml 等；drawable 和 mipmap 目录下存放图片文件。

Android 应用的项目结构也可以在 Project 目录视图下进行查看，下面以 HelloWorld 的应用结构为例进行查看，如图 2.17 所示。

该目录结构为以 Project 项目结构查看的视图，其中黑色加粗字体的 app 目录代表 HelloWorld 项目的主要目录结构。Project 目录视图下可以查看该项目结构下有多少个 Android 项目工程或 Android 组件。

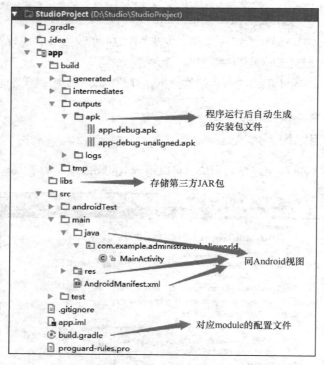

图 2.17　Project 目录视图下 Android 项目的基本结构

对比 Android 视图下的目录结构，Project 视图下有一些 Android 视图下查看不到的文件目录。

（1）outputs 目录：程序在模拟器运行时自动生成的安装包，用于在模拟器上安装调试版的应用程序。

（2）libs 目录：存储第三方 JAR 包。

（3）src 目录：存储 Android 应用开发中主要操作的 AndroidManifest.xml 配置文件和 Java 源代码文件（放在 main/java 子目录下）、XML 资源文件（放在 main/res 子目录下），结构与 Android 视图下的目录结构类似。src 目录下的 androidTest 子目录用于存放 Android 的测试项目。

（4）build.gradle 文件：为对应的 module 的配置文件，描述对应 module 使用的最低版本的 API 的版本号、当前使用的 SDK 的版本号、加载的 JAR 包等配置信息。

2.3.2　自动生成的 R.java 文件

打开 Android 项目的 MainActivity.java 文件，可以看到有一个被调用的 R.java 文件，那么 R.java 文件是从哪里来的，又是做什么的呢？

下面是一个 R.java 文件中的代码。

```
public static final class layout {
    public static final int main=0x7f030000;
    public static final int ninepatch=0x7f030001;
}
public static final class string {
    public static final int app_name=0x7f050002;
    public static final int format_string=0x7f050001;
    public static final int hello=0x7f050000;
}
```

通过对 R.java 文件的类分析可以看出，R.java 文件是一个根据应用中的资源文件自动生成的文件，因此可以把 R.java 文件理解成 Android 应用的资源字典。

R.java 文件的生成规则如下。

（1）每类资源都对应于 R 类的一个内部类。例如，所有界面布局资源对应 layout 内部类，所有字符串资源对应 string 内部类，所有标识符资源对应 id 内部类。

（2）每个具体的资源项都对应内部类的一个 public static final int 类型的成员变量。

开发人员不断地向 Android 项目中添加资源，R.java 文件的内容也会越来越多。后面还会介绍 Android 资源访问部分的内容，会进一步说明 R.java 文件的使用。

2.3.3 res 目录说明

Android 应用的 res 目录是一个专门存放 Android 项目中所有资源（如图片资源、字符串资源、颜色资源、尺寸资源等）的特殊目录。后续将会详细介绍各种类型的资源文件的存储和使用。

Android 将不同的资源放在不同的目录内，为方便对资源文件进行编译，会自动生成 R.java 文件，下面以 "res/value/strings.xml" 文件为例，简单介绍一下资源文件。

```xml
<?xml version="1.0" encoding="utf-8">
<resources>
    <string name="app_name"> Hello World!</string>
</resource>
```

以上资源文件中定义了一个字符串常量，该字符串常量的名称为 app_name，常量的值为 HelloWorld。一旦定义了这个资源文件，Android 项目就会允许分别在 Java 代码、XML 文件中使用这个资源文件中的字符串资源。

1. 在 Java 代码中使用资源

为了在 Java 代码中使用资源，Android 项目通常会使用自动生成的 R.java 文件进行资源访问。R.java 文件为每个资源文件分别定义了一个内部类，其中每个资源项对应内部类中的一个 int 类型的成员变量。例如，上面的字符串资源文件对应 R.java 文件中的以下内容：

```
public static final class string {
    public static final int app_name = 0x7f040000;
}
```

借助 R.java 文件，在 Java 代码中可以通过 R.string.app_name 引用 "HelloWorld" 字符串常量。

2. 在 XML 文件中使用资源

在 XML 文件中使用资源的方式很简单，只需要按照如下格式访问即可。

@<资源对应的内部类的类名>/<资源项的名称>

例如，要访问上面的字符串资源中定义的字符串常量 "HelloWorld"，需要使用以下形式：

@string/app_name

2.3.4 AndroidManifest.xml 清单文件

AndroidManifest.xml 清单文件是每个 Android 项目所必需的，它是整个 Android 应用的全局描述文件。AndroidManifest.xml 清单文件说明了该应用的名称、所使用的图标及包含的组件等。

AndroidManifest.xml 清单文件通常包含如下信息。

（1）应用程序的包名，该包名将会作为该应用的唯一标识符。

（2）应用程序所包含的组件，如 Activity、Service、ContentProvider、BroadcastReceiver 等。

（3）应用程序兼容的最低版本。

（4）应用程序使用系统所需的权限声明。

（5）其他程序访问该程序所需的权限声明。

下面是 HelloWorld 应用程序的 AndroidManifest.xml 清单文件。

```xml
<?xml version="1.0" encoding="utf-8"?>
<!--指定该 Android 应用的包名，该包名将会作为该应用的唯一标识符-->
<manifest xmlns:android="http://schemas.android.com/apk/res/android"
    package="com.inspur.administrator.helloworld">
    <!--声明该应用的一个权限-->
    <uses-permission
    android:name="android.permission.SET_WALLPAPER"></uses-permission>

    <!--指定该 Android 的标签和图标-->
    <application
        android:allowBackup="true"
        android:icon="@mipmap/ic_launcher"
        android:label="@string/app_name"
        android:supportsRtl="true"
        android:theme="@style/ResTheme">
        <!--定义该 Android 应用的一个组件 Activity-->
        <activity android:name=".MainActivity">
            <intent-filter>
                <!--指定该 Activity 是程序的入口-->
                <action android:name="android.intent.action.MAIN" />
                <!--指定加载该应用时加载该 Activity-->
                <category android:name="android.intent.category.LAUNCHER" />
            </intent-filter>
        </activity>
    </application>

</manifest>
```

上面这个 AndroidManifest.xml 清单文件中的注释已经大致说明了各元素的作用，这里不再赘述。

2.3.5 应用程序权限说明

一个 Android 应用需要权限才能调用 Android 系统功能，一个 Android 应用也有可能被其他的应用程序调用，因此需要声明一些权限。

声明一个 Android 权限需要使用 "<uses-permission>…</uses-permission>" 标签来描述。表 2.1 所示为 Android 系统的常用权限。

表 2.1　Android 系统的常用权限

权限	说明
ACCESS_CHECKIN_PROPERTIES	允许读写访问"properties"表，在 checkin 数据库中，该值可以修改上传
ACCESS_COARSE_LOCATION	允许一个程序访问 CellID 或 Wi-Fi 热点来获取粗略的位置
ACCESS_FINE_LOCATION	允许一个程序访问 CellID 或 Wi-Fi 热点来获取位置（位置精度在 10m 以内）
ACCESS_NETWORK_STATE	允许程序获取网络信息状态，如当前的网络连接是否有效
ACCESS_NOTIFICATION_POLICY	希望访问通知策略的应用程序的标记许可
ACCESS_WIFI_STATE	允许程序获取当前 Wi-Fi 接入的状态以及 WLAN 热点的信息
ADD_VOICEMAIL	允许程序添加语音邮件系统
BATTERY_STATS	允许程序更新手机电池统计信息
BIND_APPWIDGET	允许程序告诉 appWidget 服务需要访问小插件的数据库，只有非常少的应用才会用到此权限
BIND_VPN_SERVICE	绑定 VPN 服务必须通过 VpnService 服务来请求，只有系统应用可用
BIND_WALLPAPER	必须通过 WallpaperService 服务来请求，只有系统应用可用
BLUETOOTH	允许程序连接配对过的蓝牙设备
BLUETOOTH_ADMIN	允许程序发现和配对新的蓝牙设备
BLUETOOTH_PRIVILEGED	允许应用程序配对蓝牙设备，而无须用户交互。该权限只有系统应用可用，第三方应用不可用
BODY_SENSORS	允许程序访问用户使用的传感器来测试其内部发生了什么
BROADCAST_SMS	允许程序收到短信时触发一个广播
CALL_PHONE	允许程序从非系统拨号器里拨打电话
CALL_PRIVILEGED	允许程序拨打电话，替换系统的拨号器界面
CAMERA	允许程序访问摄像头进行拍照
CAPTURE_AUDIO_OUTPUT	允许程序捕获音频输出，第三方应用不可用
CAPTURE_SECURE_VIDEO_OUTPUT	允许程序捕获视频输出，第三方应用不可用
CAPTURE_VIDEO_OUTPUT	允许程序捕获视频输出，第三方应用不可用
CHANGE_NETWORK_STATE	允许程序改变网络状态，如是否联网
DELETE_PACKAGES	允许程序删除应用
FLASHLIGHT	允许访问闪光灯
INSTALL_LOCATION_PROVIDER	允许程序提供定位
INSTALL_PACKAGES	允许程序安装应用
INTERNET	允许程序访问网络连接（可能会产生流量费用）
READ_CALL_LOG	允许程序读取通话记录
READ_CONTACTS	允许程序访问联系人通讯录信息
RECEIVE_BOOT_COMPLETED	允许程序开机自动运行
SEND_SMS	允许程序发送短信
SET_WALLPAPER	允许程序设置桌面壁纸

续表

权限	说明
SET_TIME_ZONE	允许程序设置系统时区
SET_TIME	允许程序设置系统时间
WRITE_EXTERNAL_STORAGE	允许程序写入外部存储，如向 SD 卡写入文件
WRITE_SETTINGS	允许程序读取或写入系统设置
WRITE_CONTACTS	写入联系人，但不可读取

本 章 小 结

本章主要介绍了 Android 开发项目的搭建和 Android 项目的目录结构分析。首先，介绍了如何搭建 HelloWorld 应用的项目结构；然后，针对运行 Android 应用的思路，介绍了 Android 模拟器的创建和应用；最后，根据搭建成功的 HelloWorld 应用程序，分析了 Android 项目的目录结构和目录中几个重要的文件目录的作用。

习 题

一、填空题

1. Android 开发使用的官方 IDE 是（　　　　）。
2. Android 6.0 对应的 API 是（　　　　）。
3. res 目录用于存放（　　　　）文件，java 目录用于存放（　　　　）文件。

二、问答题

1. 简述 Android 模拟器的使用限制。
2. 简述创建 Android 模拟器的步骤。
3. R.java 文件是否可以手动修改？R.java 文件的作用有哪些？

03 第 3 章 Android 项目打包及调试监控

学习目标
- 掌握 Android 项目打包的步骤
- 理解 Android 项目签名的意义
- 掌握 Android 项目调试监控方法

Android 项目打包

3.1 Android 项目打包

使用安装包进行应用的安装是 Android 手机的主要特点，用户可以使用安装包完成应用的安装和更新。安装包就是 Android 应用开发完成后，由开发人员打包并上传至应用商城供用户使用的文件。Android 应用的安装包被称为 Android Package，也就是常用的 APK 文件。为什么要对 Android 项目进行打包呢？如何对已经开发完成的 Android 项目进行打包呢？本节将对以上两个问题进行讲解。

3.1.1 Android 项目打包的过程

Android 项目开发完成后，若想让用户进行安装使用，开发者必须提供项目的安装包，故 Android 项目打包成为 Android 项目开发的最后一个步骤。图 3.1 所示为 Android 项目打包的过程。

根据图 3.1 所示，Android 项目打包过程大致分为以下几个步骤。

（1）打包资源文件，生成 R.java 文件

使用 Android 资源打包工具（The Android Asset Packaging Tool，AAPT）打包资源。在打包过程中，项目中的 AndroidManifest.xml 文件和布局文件 XML 都会被编译，然后生成相应的 R.java 文件。另外，AndroidManifest.xml 会被 AAPT 编译成二进制。

存放在 App 的 res 目录下的资源在 App 打包前大多会被编译，变成二进制文件，并会为每个该类文件赋予一个 Resource ID。应用层代码是通过 Resource ID 访问该类资源的。在编译过程中 AAPT 会对资源文件进行编译，并生成一个 resource.arsc 文件（resource.arsc 文件相当于一个文件索引表，记录了很多与资源相关的信息）。

（2）处理 .aidl 文件，生成相应的 Java 文件

这一过程中用到的工具是 Android 接口描述语言（Android Interface Definition

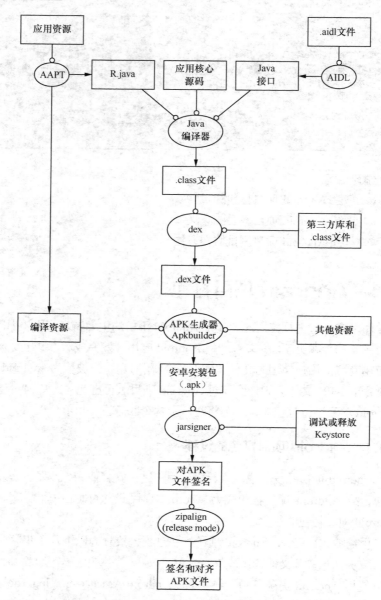

图 3.1 Android 项目打包过程

Language，AIDL）。AIDL 工具解析接口定义文件，然后生成相应的 Java 代码接口，供程序调用。如果在项目没有用到.aidl 文件，则可以跳过这一步。

（3）编译项目源代码，生成.class 文件

项目中所有的 Java 代码（包括 R.java 和.aidl 文件），都会被 Java 编译器（Java Compiler）编译成.class 文件。生成的.class 文件位于工程中的 bin/classes 目录下。

（4）转换所有的.class 文件，生成 classes.dex 文件

使用 DX 工具能够生成可供 Android 系统 Dalvik 虚拟机执行的 classes.dex 文件。任何第三方的库和.class 文件都会被转换成.dex 文件。DX 工具的主要作用是将 Java 字节码转成 Dalvik 字节码、压缩常量池、消除冗余信息等。

（5）打包生成 APK 文件

所有没有被编译的资源（如 images、assets 目录下的资源，其中的文件是一些原始文件，App 打包时并不会对其进行编译，而是会被直接打包到 App 中，应用层代码需要通过文件名对这类资源文件进行访问）、编译过的资源以及 .dex 文件都会被 Apkbuilder 工具打包到最终的 APK 文件中。

Apkbuilder 工具位于 "android-sdk/tools" 目录下。Apkbuilder 是一个脚本文件，实际调用的是 SDK 中 lib 文件的 "com.android.sdklib.build.ApkbuilderMain" 类。

（6）对 APK 文件进行签名

APK 文件一旦生成，就必须经过签名才能安装到 Android 设备上。

在开发过程中，主要用到两种签名的私钥仓库（Keystore）。一种是用于调试的 debug.keystore，在 Android Studio 中直接运行以后应用在手机上的就是 debug.keystore；另一种是用于发布正式版本的 Keystore。

（7）对签名后的 APK 文件进行对齐处理

如果发布的 APK 是正式版，就必须对 APK 进行对齐处理。使用 SDK 提供的 zipalign 工具可实现对齐处理。

对齐的主要过程是将 APK 包中所有的资源文件距离文件起始偏移 4 字节的整数倍，这样通过内存映射访问 APK 文件时的速度会更快。对齐的作用就是减少运行时内存的使用。

以上详细介绍了 Android 项目打包的完整过程，Android Studio 提供了项目打包的工具，因此可以将打包流程精简为图 3.2 所示的核心步骤。

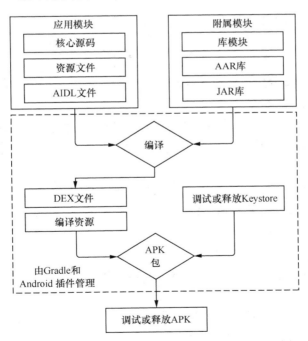

图 3.2 Android 项目打包流程核心步骤

由图 3.2 可以看出，在 Android 项目打包的过程中，主要会对两部分内容进行打包处理，图 3.2 中的应用模块代表需要打包的项目核心源码和项目运行必需的资源文件；附属模块代表项目运行的附属物，主要为支撑项目运行的 JAR 包。两部分内容将会使用 Android Studio 的自动打包工具进行编译，完成项目的初步打包操作。通过图 3.2 可以看出，初步打包生成的已经是一个 APK 文件，但是在生成最终用于安装的 APK 之前，需要经历 Keystore 对应用进行签名操作（Keystore 提供签名工具的数字证书）。

3.1.2 使用 Android Studio 完成项目打包

下面使用 Android Studio 提供的 Android 项目打包工具，实现一个 Android 项目打包。以第 2 章构建的 HelloWorld 为例，进行 Android 项目打包过程的实现。

实现 Android 项目打包主要有以下三个步骤。

（1）从 Android Studio 主菜单中选择"build/generate signed apk"菜单项，弹出项目打包对话框，如图 3.3 所示。

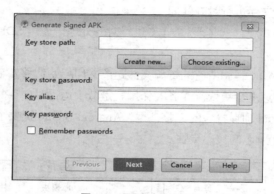

图 3.3　项目打包对话框

在项目打包对话框中要完成数字证书的选择，以及实现项目打包的签名处理。对话框中包含以下几个待填项。

① Key store path：数字证书路径。数字证书是项目签名的主要工具，故项目打包时需要指明数字证书的路径，用于实现自动签名。这里可以选择创建新的数字证书，也可以选择已经存在的数字证书。

② Key store password：数字证书密码。数字证书一般由开发人员或开发小组提供。为保证数字证书的安全性，选择数字证书后需要输入数字证书密码进行验证。

③ Key alias：数字证书别名。

④ Key password：签名文件的密码。

（2）在图 3.3 所示的对话框中单击"Create new"按钮，新建一个数字证书，进入图 3.4 所示的数字证书创建对话框。

创建数字证书时，需要填写数字证书的详细信息。

① Key store path：数字证书的存放路径。

② Password：数字证书的使用密码。

③ Confirm：密码确认。

④ Alias：数字证书的别名。

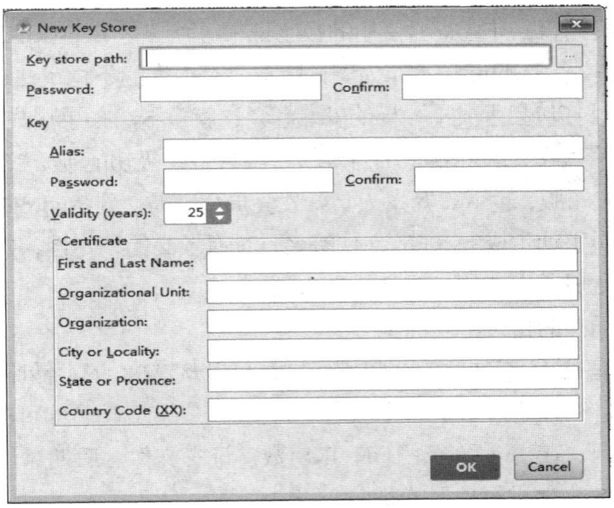

图 3.4 数字证书创建对话框

⑤ Validity：有效年限（数字证书的有效期）。
⑥ First and Last Name：你的姓名（作者姓名）。
⑦ Organizational Unit：密钥颁布组织（单位名称）。
⑧ City or Locality：当前所在城市。
⑨ State or Province：省份。
⑩ Country Code：国家代码（中国是 CN）。

填写完毕，单击"OK"按钮，回到图 3.3 所示的对话框，当前的数字证书信息默认为图 3.4 中新建的数字证书信息。

（3）单击"Next"按钮，进入下一步，如图 3.5 所示。

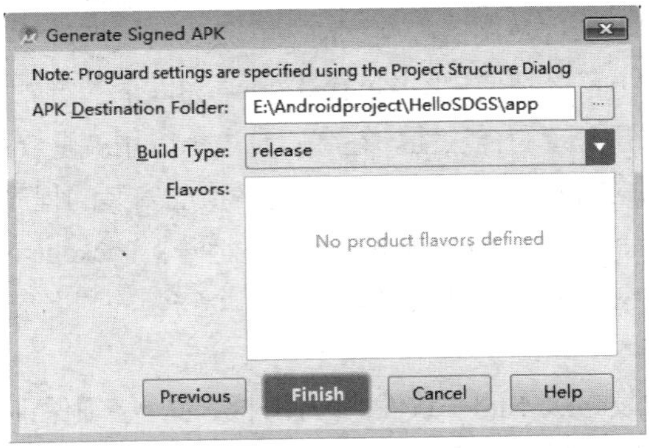

图 3.5 生成 APK 文件

本页面主要填写生成的 APK 文件的存放路径、生成 APK 文件的类型和是否为收费 APK。

Build Type 为生成的 APK 文件的类型，有 Debug 版本和 Release 版本两种，一般选择 Release 版本。两种版本的区别如下。

① Debug 版本为自动生成 Debug 签名，也就是单击工具栏的运行按钮，将 Android 项目运行到模拟器或真机时，由 Android Studio 自动打包生成的版本。使用 Debug 签名生成的 APK 安装包不能

在 Android 应用市场上架销售，并且签名使用的数字证书（默认是 Eclipse/ADT 和 Ant 编译）自它创建之日起，1 年后就会失效。Debug 版本作为调试版本，有很大的不稳定性，甚至相同的 Android 项目在不同的计算机上进行打包会生成不一样的安装包。这就意味着如果用户换了机器进行版本升级，那么将会出现程序不能覆盖安装的问题（相当于软件不具备升级功能）。

② Release 版本为发布版，也就是开发人员开发完成后，提交到 Android 应用市场上架销售的版本。该版本使用开发人员手动生成的 KEY 文件签名，具有较高的稳定性，并且时效性由签名文件的时效来决定。开发人员生成并发布的一般都是 Release 版本。

两种版本是针对其面向的目标不同而区分的。

通过以上三个步骤完成 APK 文件的打包操作后，可以从 APK 的存储路径中找到打包后的 APK 文件，如图 3.6 所示。该文件可以在 Android 手机上进行安装，安装成功后即可在手机上获取 HelloWorld 应用程序。同时可以看到，在相同路径下还有 JKS 数字证书文件。后期对该项目进行升级，再次打包时可以直接使用该 JKS 文件进行项目的签名。

```
app-release.apk        2019/3/26 20:42    APK 文件    1,205 KB
keyStore.jks           2019/3/26 20:40    JKS 文件        3 KB
```

图 3.6 APK 生成文件

3.1.3 Android 项目签名的意义

在前面介绍的项目打包中，多次提到了签名。什么是签名？

Android 要求所有已安装的应用程序都使用数字证书进行数字签名。数字证书的私钥由开发者持有。Android 使用数字证书作为标识应用程序作者的一种方式，证书不需要由证书认证中心签名，可以使用自制签名证书。

Android 系统不会安装或运行没有正确签名的应用，此规则适用于任何地方运行的 Android 系统。因此，在真机或模拟器上运行及调试应用之前，必须为其设置好签名。

根据签名的原因，基本上可以把使用签名的意义归结为以下三点。

（1）为了保证每个应用开发者的合法性。签名后，这个应用就是合法的 Android 应用。

（2）防止部分人使用相同的 Package Name 来混淆替换已安装的程序，从而出现某些恶意篡改。创建 Android 项目工程时会命名一个 Package Name，当有两个 Package Name 相同的签名应用安装到手机时，会发生冲突，后安装的应用可能会替换掉前一个安装的同名应用。解决冲突的方法就是签名，即用签名区别两个应用。

（3）保证开发人员每次发布版本的一致性。应用升级时，必须保证每次升级的签名和当初发布的一致才能发布，否则无法完成升级。简单来说，通过相同的签名可以确认两个版本的 APK 文件为同一个 Android 应用的不同版本。在这种情况之下，可以直接通过签名确认，进行安装替换旧版本。

由签名的意义可以看出，Android 项目签名和现实生活中的签名类似。当开发者对 Android 应用签名时，相当于告诉外界这个应用程序是由谁发布的。由于应用程序有了签名，因此其他人无法冒名顶替开发人员，开发人员也无法冒名顶替其他人。

当然，如果应用程序的签名丢失了，那么用户安装时要先卸载之前的应用才能安装成功，并且应用市场上的排行也会从 0 开始（这对一个 App 来说，伤害无疑是巨大的）。故一般对于一个应用程序来说，开发人员都会使用一个相同的签名，用于保证应用程序的延续使用。

3.1.4　APK 文件的反编译

项目的开发，有编译的过程，自然就会有反编译的过程。良性的反编译行为可以作为开发人员模仿优秀应用、提升自身技能的一种手段。同时，应用开发人员也应做好应用的反编译，添加混淆处理，防止源代码被窃取。

APK 文件本身是对 Android 应用源代码的压缩，其本质上就是一个压缩文件，故可以通过解压缩、反编译等一系列过程得到项目的源码。对 3.1.2 节得到的 APK 文件进行解压缩，可以得到图 3.7 所示的几个文件目录。

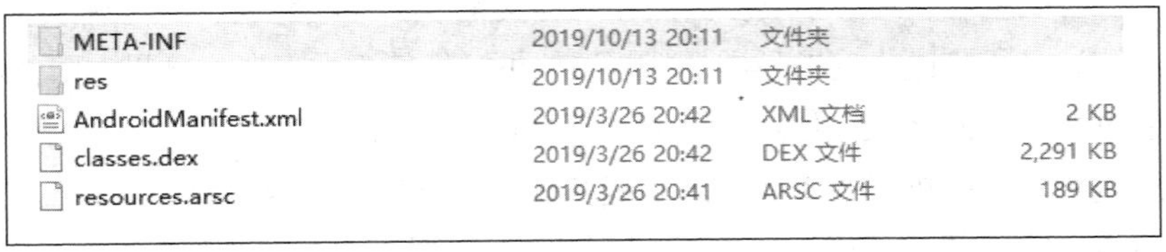

META-INF	2019/10/13 20:11	文件夹	
res	2019/10/13 20:11	文件夹	
AndroidManifest.xml	2019/3/26 20:42	XML 文档	2 KB
classes.dex	2019/3/26 20:42	DEX 文件	2,291 KB
resources.arsc	2019/3/26 20:41	ARSC 文件	189 KB

图 3.7　APK 文件解压结果

（1）META-INF 目录：存放加密文件和完整性文件。
（2）res 目录：存放资源文件。
（3）AndroidManifest.xml 文件：Android 项目的清单文件。
（4）classes.dex 文件：Java 源码文件。
（5）resources.arsc 文件：资源映射文件。

根据几个文件目录的功能可知，进行 APK 反编译的主要解析文件就是 classes.dex 文件，通过对该文件进行解析可以得到源码。解析由以下两个步骤构成。

① 从 classes.dex 转制成 JAR 文件。首先下载 dex2jar 工具，这个工具可以将 classes.dex 文件转换成 JAR 文件。解压成功后可以得到一个 classes-dex2jar.jar 文件。

② 使用 JD-GUI 软件获取 Java 代码。JD-GUI 是一个 Java 反编译软件，使用 JD-GUI 软件可以读取刚刚生成的 classes-dex2jar.jar 文件，单击 "Save All Sources" 按钮可生成源代码的压缩包。对压缩包解压即可得到 Java 源代码。

需要注意的是，Android 项目在进行打包时，为了防止反编译对代码进行混淆处理，反编译得到的代码会存在一些问题。例如，经过混淆处理的代码阅读性差，JD-GUI 软件在解释 switch-case 时会出现逻辑错误。

3.2　Android 的调试监控

软件开发的过程总需要伴随代码的运行调试，包括对功能的运行结果进行校验，对运行过程中出现的问题进行调试修改等。因此软件开发中需要使用各种方式来完成代码的检查和调试。Android 项目开发同样提供了一些用于项目调试监控的工具，如 Logcat 日志信息的监控、Debug 断点调试等。

3.2.1 什么是测试

什么是测试

测试是软件开发过程中的一个必经阶段。"好的软件不是写出来的,而是测出来的。"这句话体现了测试在软件开发中的重要性。软件开发测试分为两种形式:一是黑盒测试,即不需要知道软件的内部细节、源码,只通过软件的运行结果判断是否满足软件功能要求的测试手段,主要根据输入内容和输出结果进行测试;二是白盒测试,即需要知道源代码,检查内存是否有溢出、检查源码的算法是否正确、定义的变量路径是否正确等。

此外,根据测试的程度,测试又可以分为压力测试(如在 12306 网站上买票,需要测试 12306 网站的服务器单位时间里可以同时承受多少人在线提交请求)、冒烟测试(主要针对硬件进行测试,测试内容正如该测试名所描述的效果一样,判断硬件可以持续工作多久达到最大限值)。

在软件开发过程中,测试往往伴随着开发过程而进行。例如,随着开发的进行,对项目直接进行相关测试,通过输出结果进行监控代码的功能实现,通过检查代码执行产生的日志信息进行项目运行的监控。Android 为开发人员提供了使用日志信息完成项目执行结果监控的方式。

3.2.2 什么是 Logcat

Logcat 的中文意思是"日志猫"。在进行 Java 开发时,开发人员经常会向控制台要求一些信息(如 System.out)以获取代码的运行情况。但是在 Android 项目开发中,想直接向控制台获取日志是不可行的,因为控制台是运行在计算机服务器端的,而 Android 应用则是运行在 Android 模拟器上的。Android 模拟器就是一个独立的设备,如果想获取这个独立设备中的日志,就需要使用 Logcat 来实现。Logcat 实际上就是手机里的一段环形区域,相当于一段大内存。日志信息输出到缓存区后,可以使用 Logcat 来获取。

简单来说,Logcat 是用来获取系统日志信息的工具,并可以显示在集成开发环境中。它能够捕获的信息包括 Dalvik 虚拟机产生的信息、进程信息、ActivityManager 信息、PackagerManager 信息、Homeloader 信息、WindowsManager 信息、Android 运行时信息和应用程序信息等。它是 Android 提供的用于定位、分析及修复程序中出现的错误的调试监控工具。

3.2.3 Logcat 日志信息的查看方式

使用 Android Monitor 进行 Logcat 日志信息的查看过滤,如图 3.8 所示。

图 3.8 Logcat 日志信息

3.2.4　Logcat 日志信息的解析

从 Android Monitor 中得到的 Logcat 日志信息中可以看出，一条 Logcat 日志信息主要包含以下几个部分的内容。

（1）Level：日志信息的登记。
（2）Time：日志信息的产生时间。
（3）PID：日志信息所属的进程 ID。
（4）TID：日志信息所属的线程 ID。
（5）Application：日志信息所属的项目包名。
（6）Tag：日志信息对应的标签名。
（7）Text：日志信息的具体内容。

通过对 Android Monitor 中日志信息的分析，可以看出 Android Monitor 提供了以下 5 种 Logcat 日志信息。

（1）[v]：详细信息（Verbose），任何信息都会输出（黑色）。
（2）[d]：调试信息（Debug），仅输出调试信息（蓝色）。
（3）[i]：通告信息（Info），一般的调试信息（绿色）。
（4）[w]：警告信息（Warn），显示警告信息（橙色）。
（5）[e]：错误信息（Error），显示错误信息（红色）。

在上述 5 种类型的日志信息中，从详细信息到错误信息，日志信息的优先级递增。用户可以通过控制查看 Logcat 日志信息的优先级来控制要查看的日志信息的范围。

3.2.5　Logcat 日志信息的使用

前面已经介绍了如何查看 Android 项目运行中产生的 Logcat 日志信息，以及 Logcat 日志信息的分类，那么如何设置一条 Logcat 日志信息呢？

Logcat 日志信息输出，主要使用 Log 包中的方法来实现。根据 Logcat 日志信息的分类，可以使用以下 5 个方法来完成 Logcat 日志信息的输出。

```
Log.v("tag","message");
Log.d("tag","message");
Log.i("tag","message");
Log.w("tag","message")
Log.e("tag","message");
```

使用 Logcat()方法输出日志信息的步骤主要有 4 步。

（1）导入 Android.util.log 包。
（2）使用 Log.v()、Log.d()、Log.i()、Log.w()、Log.e()这 5 个函数在程序中设置"日志点"。这 5 个方法有两个参数，第一个参数是日志标签 tag，就是在待测试的位置需要一个常量来标记，标记的名字就是日志标签；第二个参数是实际的信息内容。
（3）当程序运行到设置的"日志点"时，应用程序的日志信息便被发送到 Logcat 中。
（4）通过判断日志点信息与预期结果是否一致来判断程序是否存在错误。

3.2.6 Logcat 日志信息的过滤

Logcat 日志信息的过滤

在运行的过程中，Android 应用会产生很多条日志信息。为了更好地对 Logcat 日志信息进行过滤查询，Android Monitor 为开发人员提供了专门的 Logcat 日志信息过滤器。选择图 3.9 所示的区域，进行 Logcat 日志信息过滤器的添加。

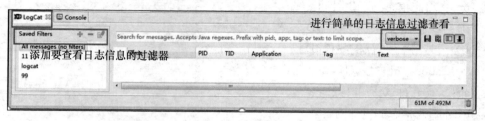

图 3.9 添加 Logcat 日志信息过滤器

单击图中左侧的加号按钮后，可以得到图 3.10 所示的 Logcat 过滤器创建对话框。

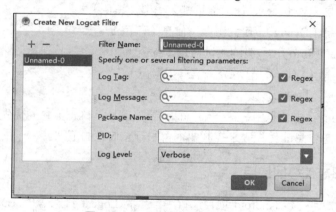

图 3.10 Logcat 过滤器创建对话框

单击"OK"按钮后完成过滤器的创建。在 Android Monitor 中可以通过选择过滤器的名字，实现不同的过滤效果。

Android Monitor 还为开发人员提供了简单的过滤设置，可以直接在 Logcat 日志信息的上方，通过选择 Logcat 日志信息的优先级，实现 Logcat 日志信息的基本过滤；也可以通过在文本输入框输入 Logcat 日志信息的 tag 标签，设置标签过滤。Logcat 简单的过滤如图 3.11 所示。

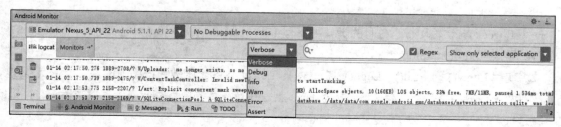

图 3.11 Logcat 简单的过滤

3.2.7 Logcat 实例

下面通过一个 Android 项目实例,来设计实现一个 Logcat 日志信息的输出操作。要求在布局页面上设置一个用于触发输出日志信息的按钮,以及一个用于显示测试完成的文本视图。

Logcat 实例

布局文件 main_layout.xml 代码。

```xml
<Button
    android:id="@+id/bt_test"
    android:layout_width="wrap_content"
    android:layout_height="wrap_content"
    android:text="点击测试"/>
<TextView
    android:id="@+id/tv_show"
    android:layout_width="wrap_content"
    android:layout_height="wrap_content" />
```

主活动文件 MainActivity.java 代码。

```java
public class MainActivity extends AppCompatActivity {

    //声明控件
    TextView textview;
    Button button;
    String tag = "MainActivity";

    @Override
    protected void onCreate(Bundle savedInstanceState) {
        super.onCreate(savedInstanceState);
        setContentView(R.layout.activity_main);
        //初始化控件
        textview = (TextView)findViewById(R.id. tv_show);
        button = (Button)findViewById(R.id. bt_test);

        //事件处理
        //当点击"点击测试"按钮时进行Logcat测试,将日志信息输出到控制栏中,将"测试完成"提示消息输出到TextView中
        button.setOnClickListener(new View.OnClickListener() {
            @Override
            public void onClick(View v) {
                Log.v(tag,"this is a verbose");
                Log.d(tag,"this is a debug");
                Log.i(tag ,"this is a info");
                Log.w(tag,"this is a warn");
                Log.e(tag,"this is a error");
                textview.setText("测试完成");
            }
        });
    }
}
```

运行后,可以从 Android Monitor 处得到设置的日志信息,此时对日志信息添加 tag 过滤条件"tag",可以得到该实例的 6 条日志信息,如图 3.12 所示。

图 3.12　运行得到的日志信息

从 Android Monitor 中也可以查看到相同的日志信息，如图 3.13 所示。

图 3.13　Android Monitor 中的运行结果

需要注意的是，Android Monitor 打开时，Android 模拟器设备将无法正常运行程序。运行 Android 应用时，会提示图 3.14 所示的错误；关闭 Android Monitor 对话框，即可正常运行。

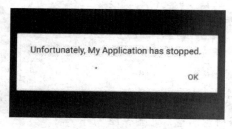

图 3.14　错误提示

3.2.8　使用 Logcat 调试程序

前面提过，Logcat 是 Android 提供的用于定位、分析及修复程序中出现的错误的一个调试监控工具。那么如何使用 Logcat 对错误进行定位呢？下面对 3.2.7 节中的实例进行修改，注释掉对 textview 变量的初始化。此时运行应用程序，当点击"点击测试"按钮执行输出日志信息时，Android 项目会报错并停止运行。运行错误提示示例如图 3.15 所示。

使用 Logcat 调试程序

图 3.15　运行错误提示示例

此时修改实例的 Java 代码，通过设置几个 Logcat 日志信息，对应点击事件中涉及的变量进行输出，实现异常定位。

主活动文件 MainActivity.java 代码修改如下。

```java
public class MainActivity extends AppCompatActivity {

    String TAG = "Logcat";
    String str="测试完成";
    Button button;
    TextView textview;

    @Override
    protected void onCreate(Bundle savedInstanceState) {
        super.onCreate(savedInstanceState);
        setContentView(R.layout.main_layout);
        button = (Button)findViewById(R.id.bt_test);
        // textview = (TextView)findViewById(R.id.tv_show);
        button.setOnClickListener(new View.OnClickListener() {
            @Override
            public void onClick(View v) {
                Log.d(TAG,"text=="+textview);
                Log.d(TAG,"str=="+str);
                textview.setText(str);
            }
        });
    }
}
```

再次运行程序，错误提示通过 Logcat 日志信息输出了点击事件中涉及的两个变量的属性值，如图 3.16 所示。由图 3.16 可以看出，textView 的值为空，从而判断异常发生在 textView 上。对 textView 变量进行追踪，就可以发现缺少对 textView 变量的初始化，定位到异常并进行修改。

```
D/Logcat: text==null
D/Logcat: str==测试完成
D/AndroidRuntime: Shutting down VM
E/AndroidRuntime: FATAL EXCEPTION: main
                  Process: com.inspur.firstandroid, PID: 14697
         java.lang.NullPointerException: Attempt to invoke virtual method 'void android.widget.TextView.setText(java.lang.CharSequence)' on a null object
             at com.inspur.firstandroid.MainActivity$1.onClick(MainActivity.java:28)
             at android.view.View.performClick(View.java:5610)
             at android.view.View$PerformClick.run(View.java:22265)
             at android.os.Handler.handleCallback(Handler.java:751)
             at android.os.Handler.dispatchMessage(Handler.java:95)
```

图 3.16　错误提示

3.2.9　使用 Debug 调试程序

Logcat 调试程序主要是通过对比日志信息中的结果和预期结果的差异来定位异常，这种定位异常的方法一般需要手动排查，不能通过验证精确到某一行具体的代码。在代码行较少、错误不明显的情况下，开发人员一般使用 Debug 断点调试的方式进行程序调试，完成错误定位。

使用 Debug 调试程序

Debug 断点调试的步骤如下。

（1）设置断点。
（2）用 Debug 方式启动 Android 应用。
（3）控制调试按钮，使代码逐行运行。

下面对 3.2.8 节中的错误实例使用 Debug 调试的方式进行错误定位。首先通过运行项目发现当点击"点击测试"按钮，触发点击事件时出现错误，故选择在触发点击事件的代码行处添加断点。

```
button.setOnClickListener(new View.OnClickListener()
```

单击工具栏中的 按钮进入 Debug 模式进行调试，在 Android 模拟器上会出现图 3.17 所示的对话框。

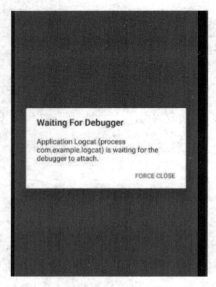

图 3.17　Debug 模式调试提示

等待几秒，将会自动进入 Debug 模式，如图 3.18 所示。

图 3.18　Debug 模式下的 Android Studio

单击控制工具栏中的下一步 按钮，对代码进行调试。运行过的代码行将会有图 3.19 所示的效果。

```
Log.d(TAG,"text=="+textview);
Log.d(TAG,"str=="+str);         TAG: "Logcat"
textview.setText(str);          textview: null  str: "测试完成"
```

图 3.19　Debug 模式下运行过的代码行

代码行中灰色字体的内容为当前代码行中涉及的变量及变量值,可以清晰地看出 textview 的值为 null,说明 textview 为异常发生点,由此追踪到 textview 变量没有进行声明。

在进行 Android 项目调试的时候,一般不会单一使用 Logcat 调试或 Debug 调试,开发人员会根据异常的发生情况,结合使用两种调试方式,实现异常的快速定位。

本 章 小 结

本章主要介绍了 Android 项目的打包,包括打包的过程、需要打包的文件、签名的意义,并通过对 HelloWorld 应用打包实现 Android Studio 自动打包的过程。然后,简单介绍了 APK 文件的反编译过程,读者了解其内容即可。最后,介绍了 Android 的项目调试监控工具,详细介绍了一种 Android 系统提供的日志信息提供工具 Logcat,同时简单介绍了 Debug 断点调试在 Android 项目调试中的使用。

习　题

一、填空题

1. Android 项目打包后生成一个（　　　）文件。
2. Logcat 日志信息按照等级由低到高划分为五个等级,分别是（　　　）、（　　　）、（　　　）、（　　　）、（　　　）。
3. 如果想根据日志信息的标签进行日志信息的过滤,需要添加的过滤条件是（　　　）。

二、问答题

1. 简述签名的意义。
2. 简述 Release 版本和 Debug 版本打包生成的文件的区别。
3. 简述 APK 文件反编译得到的几个文件的作用。

第 4 章　Android 事件响应

学习目标
- 理解 Android 中事件响应的原理
- 掌握 Android 事件响应的步骤
- 掌握 Android 事件监听器的几种形式
- 掌握常用的 Android 事件处理方法

4.1　Android 事件响应的原理

Android 事件响应的原理

不管是桌面应用还是手机应用程序，面对最多的就是用户。应用经常需要处理的就是用户动作，即为用户提供响应。这种为用户动作提供响应的机制就是事件处理。

Android 提供了两套强大的事件处理机制：一是基于监听的事件处理，二是基于回调的事件处理。

对于 Android 基于监听的事件处理而言，主要做法就是为 Android 界面组件绑定特定的事件监听器，通过完成事件监听器进行事件响应。本章将对基于监听的事件处理进行详细的介绍。

4.1.1　基于监听的事件处理

基于监听的事件处理像是一种"面向对象"的事件处理，这种事件处理的方式与 Java 的抽象窗口工具包（Abstract Window Toolkit，AWT）、Swing 的处理方式几乎相同，若开发者具有相关开发经验，会更容易上手。

基于监听的处理模型中主要涉及以下三类对象。

（1）事件源（Event Source）：事件发生的场所，通常就是 UI 页面上的各个组件，如按钮、窗口、菜单等。

（2）事件（Event）：事件封装了界面组件上发生的特定事情，通常就是用户对某个控件触发的一次操作，如果程序需要获得在界面组件上发生的事件的相关信息，一般可通过 Event 对象来获取。

（3）事件监听器（Event Listener）：负责监听事件源发生的事件，并对各种事件做出相应的响应。事件处理一般是一个实现某些特定接口类创建的对象。事件响应实际上就是一系列程序语句，通常以方法的形式组织起来。Java 是面向对象编程的语言，方法不能独立存在，必须以类的形式组织这些方法。因此使用事件监听器的核心就是了解如何使用它所包含的这些方法，即事件处理器（Event Handler）。

使用基于监听机制的响应方式来处理一个事件的过程大致经历以下几个步骤：当用户按了一个按钮或者点击了某个菜单项时，这些动作就会触发一个事件，该事件就会触发事件源上注册的事件监听器（特殊的 Java 对象），事件监听器调用对应的事件处理器（事件监听器中的实例方法）来做出响应。

经过上述步骤分析可以发现，基于监听机制的事件处理机制实际上是一种委派式的事件处理方式：界面组件（事件源）将整个事件处理委托给特定的对象（事件监听器）；当该事件源发生指定事件时，就通知所委托的事件监听器，由事件监听器来处理这个事件。

每个组件均可以针对特定的事件指定一个事件监听器，每个事件监听器也可以监听一个或多个事件源。因为同一个事件源上可能会发生多种事件，委派式事件处理方式可以把事件源上所有可能发生的事件分别授权给不同的事件监听器来处理。同时，也可以让同一类事件都使用同一个事件监听器来处理。

基于监听的事件处理流程如图 4.1 所示。

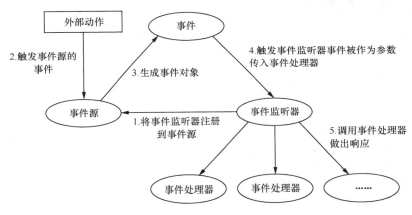

图 4.1　基于监听的事件处理流程

根据图 4.1 和对基于监听的事件处理机制的分析可以得出，基于监听的事件处理模型的编程步骤如下。

（1）获取普通界面组件。

（2）实现事件监听器类。该事件监听器类是一个特殊的 Java 类，必须实现一个 XXXListener 接口。

（3）调用事件源的 setXXXListener 方法注册事件监听器。

4.1.2　基于回调的事件处理

如果说基于监听的事件处理机制是一种委托式的事件处理，那么基于回调的事件处理则恰好与之相反。当用户在图形用户界面的组件上触发某个事件时，组件特定的方法将会负责处理该事件。

为了使用回调机制处理图形用户界面的组件上所发生的事件，需要为该组件提供对应的事件处理办法。由于 Java 是一种静态语言，开发人员无法为某个对象动态地添加方法，因此只能通过继承

45

图形用户界面的组件类的事件处理方法来实现。

为实现回调机制的事件处理，Android 为所有图形界面组件都提供了重写事件处理的回调方法。View 类包含如下方法。

① Boolean onKeyDown(int keyCode,keyEvent event)：当用户在该组件上按下某个按键时触发该方法。

② Boolean onKeyLongPress(int keyCode,keyEvent event)：当用户在该组件上长按某个按键时触发该方法。

③ Boolean onKeyShortcut(int keyCode,keyEvent event)：当键盘组合键事件发生时触发该方法。

④ Boolean onKeyUp(int keyCode,keyEvent event)：当用户在该组件上松开某个按键时触发该方法。

⑤ Boolean onTouchEvent(MotionEvent event)：当用户在该组件上触摸事件发生时触发该方法。

对于基于回调的事件处理模型来说，事件源与事件监听器是统一的，当事件源发生特定事件时，该事件还是由事件源本身调用 Android 提供的对应回调方法进行事件处理。

4.1.3 基于监听的事件处理的实例

下面根据分析得到的基于监听的事件处理模型的编程步骤，编写一个简单的入门程序，来示范实现基于监听的事件处理模型。

首先设计实例的页面布局，该页面布局中只展示一个按钮。页面布局文件 activity_main.xml 的源码如下。

```xml
<?xml version="1.0" encoding="utf-8"?>
<LinearLayout xmlns:android="http://schemas.android.com/apk/res/android"
    xmlns:tools="http://schemas.android.com/tools"
    android:layout_width="match_parent"
    android:layout_height="match_parent"
    tools:context="com.inspur.helloworld. MainActivity">

    <Button
        android:id="@+id/btn_1"
        android:text=" button按钮"
        android:layout_width="wrap_content"
        android:layout_height="wrap_content" />

</LinearLayout>
```

上面程序中定义的按钮将会作为事件源，接下来程序会为该按钮绑定一个事件监听器，用于实现事件监听。对应的 Java 代码如下。

```java
public class MainActivity extends AppCompatActivity {

    //声明button按钮
    Button button;

    @Override
    protected void onCreate(Bundle savedInstanceState) {
        super.onCreate(savedInstanceState);
        setContentView(R.layout.activity_main);
```

```
//（1）获取普通界面组件
button = (Button)findViewById(R.id.btn_1);

//（2）定义一个监听器类来实现事件监听
class myClickListener implements View.OnClickListener {

    @Override
    public void onClick(View v) {
        Toast.makeText(MainActivity.this,"button 按钮被点击",
        Toast.LENGTH_LONG).show();
    }
}

//（3）调用事件源注册事件监听器，为 button 按钮注册事件监听器
button.setOnClickListener(new myClickListener());

    }
}
```

上面程序中的第（2）部分代码定义了一个 View.OnClickListener 实现类，这个实现类将会作为事件监听器使用。第（3）部分代码用于为 button 按钮注册事件监听器。当程序中的 button 按钮被点击时，该监听器中的事件处理器会被触发，并可在应用程序中看到提示信息 "button 按钮被点击"。

4.2 实现事件监听器的形式

实现事件监听器的形式

通过 4.1 节我们可以了解 Android 事件处理的完整过程，Android 在基于监听机制下实现事件处理中的核心部分就是事件监听器的设计。在程序中实现事件监听器，主要有以下几种方式。

（1）内部类形式：将事件监听器类定义成当前类的内部类。
（2）外部类形式：将事件监听器类定义成外部类。
（3）Activity 本身作为事件监听器类：让 Activity 本身实现监听器接口，并实现事件处理方法。
（4）匿名内部类形式：使用匿名内部类创建事件监听器对象。
（5）XML 文件直接指定方法形式：在布局文件中对事件源控件直接通过 onClick 属性指明事件处理的方法。

4.2.1 内部类作为事件监听器类

前面在介绍基于监听的事件响应机制中使用的实例就是内部类形式。内部类有两个优势：一是使用内部类可以在当前类中复用该监听器类；二是因为监听器类是外部类的内部类，所以可以自由访问外部类的所有界面组件。

使用内部类来定义事件监听器类的例子可以参看 4.1.3 节的实例程序。

4.2.2 外部类作为事件监听器类

使用外部类定义事件监听器类的形式比较少见，主要有两个原因：一是事件监听器通常属于特

定的图形用户界面（Graphical User Interface，GUI），定义成外部类不利于提高程序的内聚性；二是外部类形式的事件监听器不能自由访问创建 GUI 的类中的组件，编程不够简洁。

但如果某个事件监听器确实需要被多个 GUI 所共享，而且主要是完成某种业务逻辑实现，则可以考虑使用外部类形式来定义事件监听器。实际上，不推荐将业务逻辑实现写在事件监听器中。包含业务逻辑的事件监听器将导致程序的显示逻辑和业务逻辑耦合，从而增加程序后期的维护难度。如果确实有多个事件监听器需要实现相同的业务逻辑功能，则可以考虑使用业务逻辑组件来定义业务逻辑功能，再让事件监听器来调用业务逻辑组件的业务逻辑方法。该情况在本书中不再介绍。

4.2.3　Activity 本身作为事件监听器类

这种形式使用 Activity 本身作为事件监听器类，可以直接在 Activity 类中定义事件处理器方法，这种形式非常简洁，但有两个缺点：一是这种形式可能造成程序的结构混乱（Activity 的主要职责应该是完成界面的初始化工作，但此时还需包含事件的处理器方法，则会引起混乱）；二是如果 Activity 界面类需要实现监听器接口，则代码会引起代码维护者误解。

下面通过一个案例来看如何使用 Activity 本身作为事件监听器类实现一个基于监听的事件处理。

设计布局文件 onclick_layout.xml，布局文件中有两个用于触发点击事件的按钮，代码如下。

```xml
<?xml version="1.0" encoding="utf-8"?>
<LinearLayout xmlns:android="http://schemas.android.com/apk/res/android"
    xmlns:tools="http://schemas.android.com/tools"
    android:layout_width="match_parent"
    android:layout_height="match_parent"
    tools:context="com.inspur.helloworld. MainActivity">

    <Button
        android:id="@+id/ btn_click01"
        android:text=" button按钮1"
        android:layout_width="wrap_content"
        android:layout_height="wrap_content" />

    <Button
        android:id="@+id/ btn_click02"
        android:text=" button按钮2"
        android:layout_width="wrap_content"
        android:layout_height="wrap_content" />

</LinearLayout>
```

使用 Activity 本身作为监听器类，对布局文件中的两个按钮进行点击事件处理，代码如下。

```java
public class OnClickActivity extends AppCompatActivity implements View.OnClickListener
{

    Button button1,button2;

    //实现事件处理器
    @Override
    public void onClick(View v) {
```

```java
        //添加判断，判断点击的是哪个按钮
        switch (v.getId()){
            case R.id.btn_click01:
                Toast.makeText(OnClickActivity.this,"按钮01被点击",Toast.LENGTH_SHORT).
                show();
                break;
            case R.id.btn_click02:
                Toast.makeText(OnClickActivity.this,"按钮02被点击",Toast.LENGTH_SHORT).
                show();
                break;
        }
    }

    @Override
    protected void onCreate(@Nullable Bundle savedInstanceState) {
        super.onCreate(savedInstanceState);
        setContentView(R.layout.onclick_layout);

        button1 = (Button)findViewById(R.id.btn_click01);
        button2 = (Button)findViewById(R.id.btn_click02);
        //直接使用Activity作为事件监听器
        button1.setOnClickListener(OnClickActivity.this);
        button2.setOnClickListener(OnClickActivity.this);
    }

}
```

上面程序使用 Activity 实现了 View.OnClickListener 事件监听器接口，从而可以在该 Activity 中直接定义事件处理器方法：onClick(View v)。当为某个组件添加该事件监听器对象时，直接使用"this"作为事件监听器对象即可。

4.2.4 匿名内部类作为事件监听器类

大部分时候，事件处理器都没有什么复用价值。因为大部分事件监听器只是临时使用一次，所以使用匿名内部类形式的事件监听器更合适。事实上，这种形式是目前使用最广泛的事件监听器形式。下面通过代码来实现一个使用匿名内部类作为事件监听器类的实例。

设计页面布局文件 activity_main.xml，布局文件中有一个用于触发点击事件的按钮，代码如下。

```xml
<?xml version="1.0" encoding="utf-8"?>
<LinearLayout xmlns:android="http://schemas.android.com/apk/res/android"
    xmlns:tools="http://schemas.android.com/tools"
    android:layout_width="match_parent"
    android:layout_height="match_parent"
    tools:context="com.inspur.helloworld. MainActivity">

    <Button
        android:id="@+id/btn_1"
        android:text=" button按钮"
        android:layout_width="wrap_content"
        android:layout_height="wrap_content" />
</LinearLayout>
```

编写对应的 Java 文件，使用匿名内部类完成事件处理，代码如下。

```java
public class MainActivity extends AppCompatActivity {

    //声明 button 按钮
    Button button;

    @Override
    protected void onCreate(Bundle savedInstanceState) {
        super.onCreate(savedInstanceState);
        setContentView(R.layout.activity_main);

        //（1）获取普通界面组件
        button = (Button)findViewById(R.id.btn_1);

        //（2）使用匿名内部类来实现事件监听器类
        button.setOnClickListener(new View.OnClickListener {

            @Override
            public void onClick(View v) {
                Toast.makeText(MainActivity.this,"button 按钮被点击",
                Toast.LENGTH_LONG).show();
            }
        });

    }
}
```

上面程序中，第（2）步使用匿名内部类创建了一个事件监听器对象，"new 监听器接口"或"new 事件适配器"的形式就是用于创建匿名内部类形式的事件监听器。相对于使用内部类作为事件监听器完成事件响应的三个步骤，匿名内部类的实现形式是将第（2）步的定义一个监听器类用来实现事件监听和调用事件源去注册事件监听器，为 button 按钮注册事件监听器进行了合并。

通常建议使用匿名内部类的形式进行事件响应。

4.2.5　XML 文件直接指定方法形式

Android 还有一种更简单的绑定事件监听器的方式，那就是直接在界面布局文件 activity_main.xml 中为指定标签绑定事件处理方法。该操作类似 JavaScript 中对标签绑定事件处理方法的操作。使用的属性为 onClick 属性，代码如下。

```xml
<?xml version="1.0" encoding="utf-8"?>
<LinearLayout xmlns:android="http://schemas.android.com/apk/res/android"
    xmlns:tools="http://schemas.android.com/tools"
    android:layout_width="match_parent"
    android:layout_height="match_parent"
    tools:context="com.inspur.helloworld. MainActivity">

    <Button
        android:onClick="methodname"
        android:text=" button 按钮"
```

```
        android:layout_width="wrap_content"
        android:layout_height="wrap_content" />

</LinearLayout>
```

上面的程序使用了一个 onClick 属性的属性值指向了一个用于处理 Button 标签事件处理的方法，该方法将在对应的 Java 文件中进行完善，代码如下。

```
public class MainActivity extends AppCompatActivity {

    //声明 button 按钮
    Button button;

    @Override
    protected void onCreate(Bundle savedInstanceState) {
        super.onCreate(savedInstanceState);
        setContentView(R.layout.activity_main);
    }
    public void methodname(View view){
        Toast.makeText(MainActivity.this,"按钮03被点击",Toast.LENGTH_SHORT).show();
    }
}
```

上面程序中的 methodname()方法就是页面布局文件中按钮组件调用的事件处理方法，在该方法中传递了一个 View 参数，用于传递页面对象。

4.3 常用的 Android 事件处理

前两节已经讲解了基于监听的 Android 事件处理的实现步骤，也演示了几种基于监听的 Android 事件处理中事件监听器的实现形式，下面将通过 Android 中的几种常用事件对常用的 Android 事件处理进行讲解。

4.3.1 点击事件的处理

点击事件需要注册相应的监听器（setOnClickListener()）监听事件的来源，利用 OnClickListener()接口中的 onClick()方法，当事件发生时做出相应的处理。

点击事件可使用 View.OnClickListener()接口进行事件的处理，此接口定义如下。

```
public static interface View.OnClickListener{
    public void onClick(View v) ;
}
```

点击事件的实现步骤分为以下三步。

（1）通过组件 ID 获取组件实例。

```
mybut=(Button)super.findViewById(R.id.mybut);    //获得按钮
```

（2）为该组件注册 OnClickListener()监听。

```
mybut.setOnClickListener(new ShowListener());    //注册监听
```

（3）实现 onClick()方法。

```
private class ShowListener implements OnClickListener {//定义监听处理程序
    public void onClick(View v) {                        //执行具体操作
        …
    }
}
```

下面通过获取用户输入的手机号码的案例来实现一个点击事件的处理。设计手机页面上有三个组件：EditText 用于用户输入手机号码，Button 用于触发点击事件，TextView 用于显示输入的手机号码。显示用户输入的手机号码页面布局效果如图 4.2 所示。

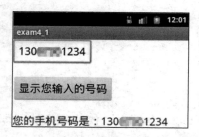

图 4.2　显示用户输入的手机号码页面布局效果

先进行页面布局设计，布局文件为 onclick_layout.xml，代码如下。

```xml
<LinearLayout xmlns:android="http://schemas.android.com/apk/res/android"
    android:orientation="vertical" android:layout_width="match_parent"
    android:layout_height="match_parent">

    <EditText
        android:id="@+id/et"
        android:layout_width="match_parent"
        android:layout_height="wrap_content" />

    <Button
        android:id="@+id/bt"
        android:layout_width="wrap_content"
        android:layout_height="wrap_content"
        android:text="显示您输入的号码"/>

    <TextView
        android:id="@+id/tv"
        android:layout_width="wrap_content"
        android:layout_height="wrap_content" />

</LinearLayout>
```

需要注意 EditText 和 TextView 两个控件的区别，两个控件都是用来对文本进行操作的，EditText 主要提供文本编辑功能，一般用于在用户界面上获取用户输入的文本内容操作；TextView 主要提供文本视图，只能用于显示文本内容，不能对文本内容进行操作。

根据页面进行对应的 Java 文件的设计，代码如下。

```java
public class OnClickActivity extends Activity{
```

```
//声明布局文件中的控件
EditText editText;
Button button;
TextView textView;

@Override
protected void onCreate(Bundle savedInstanceState) {
    super.onCreate(savedInstanceState);
    setContentView(R.layout.onclick_layout);

    //初始化控件
    editText = (EditText)findViewById(R.id.et);
    button = (Button)findViewById(R.id.bt);
    textView = (TextView)findViewById(R.id.tv);

    //给控件添加点击事件，使用匿名内部类的方法
    button.setOnClickListener(new View.OnClickListener() {
        @Override
        public void onClick(View v) {
            //得到输入的内容，需要editText进行操作
            String number = editText.getText().toString();

            //将得到的内容展示在textView上
            textView.setText(number);
        }
    });

  }
}
```

以上程序通过使用匿名内部类的方式完成对获取用户手机号码的事件监听处理，通过操作 EditText 和 TextView 的 "android:text" 属性，完成手机号码的获取与显示设置。

点击事件是 Android 事件处理中最常用的一个事件，开发人员在进行点击事件处理时，只需要根据具体的业务处理重写 onClick() 方法即可。

4.3.2 长按事件的处理

在 Android 中提供了长按事件的处理操作。长按事件只有在点击行为触发 2s 之后才会有反应。使用 View.OnLongClickListener() 接口可以进行长按事件的处理。

此接口定义如下。

```
public static interface View.OnLongClickListener{
    public boolean onLongClick(View v) ;
}
```

长按事件的实现步骤分为以下三步。

（1）通过组件 ID 获取组件实例。

```
bgimg=(ImageView)findViewById(R.id.bgimg);
```

（2）为该组件注册 OnLongClickListener() 监听。

```
bgimg.setOnLongClickListener(new OnLongClickListener(){…}
```

（3）实现 onLongClick()方法。

```
public boolean onLongClick(View v) {
    ……
}
```

下面通过长按图片设置为背景图片的案例来实现一个长按事件的处理。设计手机页面上有两个组件：TextView 用于提示更换图片背景完成，ImageView 用于显示图片。页面布局效果如图 4.3 和图 4.4 所示。

图 4.3　长按设置图片桌面背景布局

图 4.4　长按设置图片桌面背景完成效果

先进行页面布局设计，页面布局文件为 onlongclick.xml，图片名为 a.jpg，代码如下。

```xml
<LinearLayout xmlns:android="http://schemas.android.com/apk/res/android"
    android:orientation="vertical" android:layout_width="match_parent"
    android:layout_height="match_parent">

    <TextView
        android:id="@+id/tv_long"
        android:text="长按图片设为桌面"
        android:layout_width="wrap_content"
        android:layout_height="wrap_content" />

    <ImageView
        android:id="@+id/iv_2b"
        android:src="@drawable/a"
        android:layout_width="wrap_content"
        android:layout_height="wrap_content" />

</LinearLayout>
```

根据页面进行对应的 Java 文件的设计，代码如下。

```java
public class OnLongClickActivity extends AppCompatActivity {

    TextView textview;
    ImageView imageView;
```

```java
    @Override
    protected void onCreate(Bundle savedInstanceState) {
        super.onCreate(savedInstanceState);
        setContentView(R.layout.onlongclick);
        textview = (TextView)findViewById(R.id.tv_long);
        imageView = (ImageView)findViewById(R.id.iv_2b);

        imageView.setOnLongClickListener(new View.OnLongClickListener(){
            public boolean onLongClick(View v){
                imageView.setBackground(getResources().getDrawable(R.drawable.a));
                textview.setText("图片已经被设为桌面");
                return false;
            }
        });

    }
}
```

以上代码为设置图片为背景的效果实现代码，需要注意的是，这里设置的图片背景为ImageView容器的图片背景。

对比长按事件重写的onLongClick()方法和点击事件重写的onClick()方法，可以发现onLongClick()方法中有一个布尔类型的返回值。该返回值用来表示是否已处理完事件，以及是否应该将它继续传下去。返回true，表示已经处理事件，且事件应就此停止；返回false，表示事件尚未处理或事件应该继续传递给其他任何点击监听器。

简单来说，长按事件就是一个持续时间在2s以上的点击事件，所以长按事件的发生必然伴随着点击事件。那么在处理长按事件的时候是否需要对控件上注册的点击监听器进行处理呢？就由onLongClick()方法的返回值信息来进行设置。当返回值为true时，表示不再处理点击事件；当返回值为false时，表示继续处理控件上注册的点击事件。

下面对长按事件的案例进行修改，对ImageView图片添加一个点击事件，通过控制返回值的值，来验证以上结论。

在Java文件中添加ImageView的一个点击事件处理。

```java
imageView.setOnClickListener(new View.OnClickListener() {
        @Override
        public void onClick(View v) {
            Toast.makeText(OnLongClickActivity.this,"触发点击事件",
            Toast.LENGTH_SHORT).show();
        }
});
```

此时，设置OnLongClick的返回值为true，执行长按事件后只进行图片设置为背景图的操作；修改返回值为false，重新执行，执行长按事件后可以从页面上获得"触发点击事件"的Toast提示。

对使用返回值控制是否传递事件处理的操作不仅适用于长按事件，还适用于键盘事件和触摸事件。

（1）onKey()：此方法返回一个布尔值，表示监听器是否已处理完事件，以及是否应该将它继续传递下去。返回true，表示已经处理事件，且事件应就此停止；返回false，表示尚未处理事件或事件应该继续传递给其他任何按键监听器。

（2）onTouch()：此方法返回一个布尔值，表示监听器是否处理完此事件。重要的是，此事件可以拥有多个分先后顺序的操作。因此，如果在收到关闭操作事件时返回 false，则表示并未处理完此事件，而且对其后续操作也不感兴趣，无须执行事件内的任何其他操作，如手势或最终操作事件。

4.3.3 焦点改变事件的处理

焦点改变事件的处理

焦点改变事件是指对一个组件状态的监听，是在组件获得或失去焦点时进行的操作。所有的组件都存在监听焦点变化的方法。利用 OnFocusChangeListener()接口可以监听焦点改变事件。

此接口定义如下。

```
public void setOnFocusChangeListener(View.OnFocusChangeListener l){
    public boolean onFocusChange(View v, Boolean hasFocus);
}
```

焦点改变事件的实现步骤分为以下三步。

（1）通过组件 ID 获取组件实例。

```
edit = (EditText) super.findViewById(R.id.edit1);
```

（2）为该组件注册 OnFocusChangeListener()监听。

```
edit.setOnFocusChangeListener(new OnFocusChangeListener());
```

（3）实现 onFocusChange()方法。

```
public void onFocusChange (View v , boolean hasFocus) {
    …
}
```

下面通过验证邮箱输入格式的案例来实现一个焦点改变事件的处理。设计手机页面上有四个组件：TextView 用于提示"请输入您的邮箱"，第一个 EditText 用于用户输入邮箱，第二个 EditText 提供一个对照文本输入框，最后一个 TextView 用于提示邮箱验证结果。邮箱格式验证页面布局效果如图 4.5 所示。

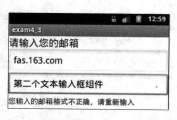

图 4.5 邮箱格式验证页面布局效果

先进行页面布局设计，页面布局文件为 onfocuschange_layout.xml，代码如下。

```xml
<LinearLayout xmlns:android="http://schemas.android.com/apk/res/android"
    android:orientation="vertical" android:layout_width="match_parent"
    android:layout_height="match_parent">

    <TextView
    android:id="@+id/tv_1"
    android:text="请输入您的邮箱"
```

```xml
    android:textAppearance="?android:attr/textAppearanceLarge"
    android:layout_width="wrap_content"
    android:layout_height="wrap_content" />

<EditText
    android:id="@+id/et_1"
    android:hint="请输入您的邮箱"
    android:layout_width="match_parent"
    android:layout_height="wrap_content" />

<EditText
    android:id="@+id/et_2"
    android:hint="第二个文本输入框组件"
    android:layout_width="match_parent"
    android:layout_height="wrap_content" />

<TextView
    android:id="@+id/tv_2"
    android:text="您输入的邮箱是"
    android:textAppearance="?android:attr/textAppearanceLarge"
    android:layout_width="wrap_content"
    android:layout_height="wrap_content" />

</LinearLayout>
```

根据页面进行对应的 Java 文件的设计，代码如下。

```java
public class OnFocusChangeActivity extends Activity {

    TextView tv_2;
    EditText et_1;

    @Override
    protected void onCreate(Bundle savedInstanceState) {
        super.onCreate(savedInstanceState);
        setContentView(R.layout.onfocuschange_layout);

        et_1 = (EditText)findViewById(R.id.et_1);
        tv_2 = (TextView)findViewById(R.id.tv_2);

        et_1.setOnFocusChangeListener(new View.OnFocusChangeListener(){
            @Override
            public void onFocusChange(View v, boolean hasFocus) {
                String mail = et_1.getText().toString();
                String mail_jduge = "\\w+@\\w+(\\.\\w{2,3})*\\.\\w{2,3}";
                if (mail.matches(mail_jduge)){
                    tv_2.setText("您输入的邮箱格式正确，邮箱为"+mail);
                }else {
                    tv_2.setText("您输入的邮箱格式不正确，请重新输入");
                }
            }
        });
    }
}
```

上面的程序主要借助一个正则表达式进行邮箱格式的验证。邮箱格式的验证是 UI 开发中常用的验证之一，可以通过编写多种格式规则实现不同的邮箱格式验证。此处只做了最基本的 text@text.com 的格式验证。

4.3.4 键盘事件的处理

键盘事件是用户在利用键盘输入数据时所触发的操作，主要功能是用于键盘的监听处理操作。使用 OnKeyListener()接口可以进行键盘事件的处理。

OnKeyListener()接口定义如下。

```
public static interface View.OnKeyListener{
    public boolean onKey(View v, int keyCode, KeyEvent event) ;
}
```

键盘事件的实现步骤分为以下三步。

（1）通过组件 ID 获取组件实例。

```
edit = (EditText) super.findViewById(R.id.edit1);
```

（2）为该组件注册 OnKeyListener()监听。

```
edit.setOnKeyListener (new OnKeyListener());
```

（3）实现 onKey()方法。

```
public void onKey(View v, int keyCode, KeyEvent event){
    ...
}
```

下面通过获取用户按下的键值的案例来实现一个键盘事件的处理。设计手机页面上有两个组件：EditText 用于获取用户的按键，TextView 用于显示用户按键的值。键盘事件页面布局效果如图 4.6 所示。

图 4.6　键盘事件页面布局效果

先进行页面布局设计，页面布局文件为 onkey_layout.xml，代码如下。

```
<LinearLayout xmlns:android="http://schemas.android.com/apk/res/android"
    android:orientation="vertical" android:layout_width="match_parent"
    android:layout_height="match_parent">

    <EditText
    android:id="@+id/et_name"
    android:hint="请输入字母"
    android:layout_width="match_parent"
    android:layout_height="wrap_content" />

    <TextView
```

```xml
        android:id="@+id/tv_name"
        android:text="显示输入的字母"
        android:textAppearance="?android:attr/textAppearanceLarge"
        android:layout_width="wrap_content"
        android:layout_height="wrap_content" />

</LinearLayout>
```

根据页面进行对应的 Java 文件的设计，代码如下。

```java
public class OnKeyActivity extends Activity {

    EditText editText;
    TextView textView;

    @Override
    protected void onCreate(Bundle savedInstanceState) {
        super.onCreate(savedInstanceState);
        setContentView(R.layout.onkey_layout);

        editText = (EditText)findViewById(R.id.et_name);
        textView = (TextView)findViewById(R.id.tv_name);

        editText.setOnKeyListener(new View.OnKeyListener() {
            @Override
            //v 是一个控件作为形参，keyCode 是键盘上的编码，event 是事件信息
            public boolean onKey(View v, int keyCode, KeyEvent event) {
                switch (keyCode){
                    case KeyEvent.KEYCODE_A:
                        textView.setText("您按下了A");
                        break;
                    case KeyEvent.KEYCODE_B:
                        textView.setText("您按下了B");
                        break;
                    case KeyEvent.KEYCODE_C:
                        textView.setText("您按下了C");
                        break;
                }
                //通知控件进行重组
                editText.invalidate();
                return false;
            }
        });
    }
}
```

执行上述代码，可以获得 A、B、C 三个键的提示信息。

4.3.5 触摸事件的处理

触摸事件指的是当用户接触到屏幕之后所产生的一种事件形式。当用户的手指在屏幕上滑过时，可以使用触摸事件取得用户当前的坐标。

OnTouchListener()接口定义如下。

触摸事件的处理

```
public interface View.OnTouchListener {
    public abstract boolean onTouch (View v, MotionEvent event) ;
}
```

触摸事件的实现步骤分为以下三步。

（1）通过组件 ID 获取组件实例。

```
edit = (EditText) super.findViewById(R.id.edit1);
```

（2）为该组件注册 **OnTouchEventListener()** 监听。

```
locate.setOnTouchListener(new OnTouchListener());
```

（3）实现 **onTouchEvent()** 方法。

```
public boolean onTouch (View v, MotionEvent event){
    ...
}
```

下面通过获取当前触控笔位置信息的案例来实现一个触摸事件的处理。设计手机页面上有一个组件：EditText 用于获取触控笔的位置信息，并进行位置信息的输出。触摸事件页面布局效果如图 4.7 所示。

图 4.7　触摸事件页面布局效果

先进行页面布局设计，页面布局文件为 ontouch_layout.xml，代码如下。

```
<LinearLayout xmlns:android="http://schemas.android.com/apk/res/android"
    android:orientation="vertical" android:layout_width="match_parent"
    android:layout_height="match_parent">

    <EditText
    android:id="@+id/edit"
    android:layout_width="match_parent"
    android:layout_height="wrap_content" />

</LinearLayout>
```

根据页面进行对应的 Java 文件的设计，代码如下。

```
public class OnTouchActivity extends Activity {
EditText editText;

@Override
protected void onCreate(Bundle savedInstanceState) {
    super.onCreate(savedInstanceState);
    setContentView(R.layout.ontouch_layout);
    editText = (EditText)findViewById(R.id.edit);
        editText.setOnTouchListener(new View.OnTouchListener(){
            @Override
            public boolean onTouch(View v, MotionEvent event) {
                double x = event.getX();
                double y = event.getY();
```

```
                editText.setText("您当前的位置是:  ("+X+","+Y+")");
                return true;
            }
        });
    }
}
```

以上代码中通过"getX()"和"getY()"两个核心方法用于定位触控笔的坐标点。这两个方法是 Android 应用开发中获取触控笔位置的两个常用方法。触摸事件除了可以定位坐标点,也可以获取当前的触摸状态。当用户对手机屏幕进行操作时,除可以点击屏幕外,还可以有滑动、离开屏幕时的抬起等行为。

一般情况下,以下三种情况的事件全部由 onTouchEvent()方法处理,只是三种情况中的动作值不同。

(1) 屏幕被按下:当屏幕被按下时,会自动调用该方法来处理事件,此时 MotionEvent.getAction() 的值为 MotionEvent.ACTION_DOWN。

(2) 离开屏幕时的抬起:当触控笔离开屏幕时触发的事件,MotionEvent.getAction()的值为 MotionEvent. ACTION_UP。

(3) 在屏幕中滑动:调用 MotionEvent.getAction()方法判断动作值是否为 MotionEvent. ACTION_MOVE 再进行处理。

下面通过一个实例来看加上获取触摸事件状态的效果如何来实现。首先设计布局文件,布局中设计一个 EditText 用于获取触摸事件,再设计一个 TextView 用于获取当前的触摸状态和触摸点的坐标。代码如下。

```xml
<LinearLayout xmlns:android="http://schemas.android.com/apk/res/android"
    android:orientation="vertical" android:layout_width="match_parent"
    android:layout_height="match_parent">

    <EditText
    android:id="@+id/et_touch"
    android:layout_width="wrap_content"
    android:layout_height="wrap_content" />

    <TextView
    android:id="@+id/tv_action"
    android:layout_width="wrap_content"
    android:layout_height="wrap_content" />

</LinearLayout>
```

根据页面进行对应的 Java 文件的设计,代码如下。

```java
public class OnTouchActivity extends Activity {

    EditText et_touch;
    TextView tv_action;
    @Override
    protected void onCreate(Bundle savedInstanceState) {
        super.onCreate(savedInstanceState);
        setContentView(R.layout.ontouch_layout);

        et_touch = (EditText) findViewById(R.id.et_touch);
        tv_action = (TextView) findViewById(R.id.tv_action);
```

```
        et_touch.setOnTouchListener(new View.OnTouchListener() {
            @Override
            public boolean onTouch(View v, MotionEvent event) {
                int iAction = event.getAction();
                switch (iAction){
                    case MotionEvent.ACTION_DOWN:
                        Log.i("tag","按下");
                        break;
                    case MotionEvent.ACTION_MOVE:
                        Log.i("tag","滑动");
                        break;
                    case MotionEvent.ACTION_UP:
                        Log.i("tag","抬起");
                }
                double x = event.getX();
                double y = event.getY();
                et_touch.setText("点的坐标为:("+x+","+y+")");
                tv_action.setText("action=="+iAction);
                return true;
            }
        });
```

以上代码在获取触摸点坐标时，使用 Logcat 日志信息进行触摸动作的获取，同时使用 getAction()方法获取了不同的触摸状态对应的状态值，其中 iAction=0 代表按下行为，即 "ACTION_DOWN" 状态；iAction=1 代表抬起行为，即 "ACTION_UP" 状态；iAction=2 代表滑动行为，即 "ACTION_MOVE" 状态。

4.3.6 选择改变事件的处理

在 RadioGroup、RadioButton（单选按钮）、CheckBox（复选按钮）等组件上也可以进行事件的处理操作。当用户选中了某选项之后，也将触发相应的监听器进行相应的事件处理操作。

Android 中提供了选择改变事件的处理操作，使用 View.OnCheckedChangeListener()接口即可进行选择改变事件的处理操作。View 指 RadioGroup 组件或 CheckBox 组件。

此接口定义如下。

```
View.setOnCheckedChangeListener(new view.OnCheckedChangeListener() {
    public void onCheckedChanged(View view, int checkedId) {
        …
    }
}
```

选择改变事件的实现步骤分为以下三步。

（1）通过组件 ID 获取组件实例。

```
group = (RadioGroup)findViewById(R.id.radiogroup1);
```

（2）为该组件注册 OnCheckedChangeListener()监听。

```
group.setOnCheckedChangeListener(
    new RadioGroup.OnCheckedChangeListener());
```

（3）实现 onCheckedChanged()方法。

```
public void onCheckedChanged(RadioGroup group, int checkedId) {
    …
}
```

下面通过设计一道选择题的操作案例来实现一个选择改变事件的处理。设计手机页面上有三个组件：第一个 TextView 用于显示题干，RadioButton 用于显示题目的四个选项，第二个 TextView 用于提示选择的结果是否正确。选择改变事件页面布局效果如图 4.8 所示。

图 4.8　选择改变事件页面布局效果

先进行页面布局设计，布局文件为 oncheckedchange_layout.xml，代码如下。

```
<LinearLayout xmlns:android="http://schemas.android.com/apk/res/android"
    android:orientation="vertical"
    android:layout_width="match_parent"
    android:layout_height="match_parent">

    <TextView
    android:id="@+id/tv_choose"
    android:text="下面的哪个选项是正确的?"
    android:textAppearance="?android:attr/textAppearanceLarge"
    android:layout_width="wrap_content"
    android:layout_height="wrap_content" />

    <RadioGroup
    android:id="@+id/radiogroup"
    android:layout_width="wrap_content"
    android:layout_height="wrap_content">

        <RadioButton
        android:id="@+id/rb_1"
        android:text="1+2=2"
        android:layout_width="wrap_content"
        android:layout_height="wrap_content" />
        <RadioButton
        android:id="@+id/rb_2"
        android:text="1+2=3"
        android:layout_width="wrap_content"
        android:layout_height="wrap_content" />
        <RadioButton
        android:id="@+id/rb_3"
```

```xml
            android:text="1+2=4"
            android:layout_width="wrap_content"
            android:layout_height="wrap_content" />
        <RadioButton
            android:id="@+id/rb_4"
            android:text="1+2=1"
            android:layout_width="wrap_content"
            android:layout_height="wrap_content" />

    </RadioGroup>

    <TextView
        android:id="@+id/tv_show"
        android:layout_width="wrap_content"
        android:layout_height="wrap_content" />

</LinearLayout>
```

根据页面进行对应的 Java 文件的设计，代码如下。

```java
public class OncheckedChangeActivity extends Activity {

    TextView tv_choose,tv_show;
    RadioButton rb_1,rb_2,rb_3,rb_4;
    RadioGroup radioGroup;

    @Override
    protected void onCreate(Bundle savedInstanceState) {
        super.onCreate(savedInstanceState);
        setContentView(R.layout.oncheckedchange_layout);

        tv_choose = (TextView)findViewById(R.id.tv_choose);
        tv_show = (TextView)findViewById(R.id.tv_show);
        rb_1 = (RadioButton)findViewById(R.id.rb_1);
        rb_2 = (RadioButton)findViewById(R.id.rb_2);
        rb_3 = (RadioButton)findViewById(R.id.rb_3);
        rb_4 = (RadioButton)findViewById(R.id.rb_4);
        radioGroup = (RadioGroup)findViewById(R.id.radiogroup);

        radioGroup.setOnCheckedChangeListener(new RadioGroup.OnCheckedChangeListener()
        {
            @Override
            public void onCheckedChanged(RadioGroup group, int checkedId) {
                switch (checkedId){
                    case R.id.rb_1:
                        tv_show.setText("对不起，选择错误");
                        break;
                    case R.id.rb_2:
                        tv_show.setText("恭喜您，选择正确");
                        Toast.makeText(OnCheckedChangeActivity.this,"正确答案:1+2=3,恭喜你,答对了",Toast.LENGTH_ SHORT).show();
                        break;
                    case R.id.rb_3:
                        tv_show.setText("对不起，选择错误");
                        break;
                    case R.id.rb_4:
```

```
                    tv_show.setText("对不起，选择错误");
                    break;
            }
        }
    });
}
```

RadioButton 是 Android 项目开发中用于构建页面上单选按钮的一种控件，如何来进行单选按钮的互斥选择是单选按钮设计的一个重要内容，在 HTML 开发中，通过设计<radio>标签的 name 属性来完成单选按钮的互斥实现。在 Android 中，RadioButton 的互斥效果由分组来实现。如上述布局文件代码所示，同一组 RadioButton 借助一个 RadioGroup 标签进行分组。因为要设计实现选择改变事件的处理，选择改变要发生在多个控件之间，故需要将 RadioButton 视为触发选择改变事件的事件源，注册选择改变事件监听器。

多选按钮进行选择改变事件的原理与单选按钮的类似，此处不再介绍。

本 章 小 结

本章以基于监听机制进行事件处理的方式为主，首先，介绍了基于监听机制的 Android 事件处理的三类对象，通过对基于监听机制的事件处理进行分析，得到基于监听机制的 Android 事件处理的 3 个步骤；然后，根据 Android 事件处理中监听器的实现形式，介绍了 5 种基于监听机制的 Android 事件处理中事件监听器的实现形式；最后，根据开发中常使用的 Android 事件，分别使用不同的事件监听器类，对 Android 应用开发中经常使用的 Android 事件进行了讲解。

习　题

一、选择题

通过特定的接口类进行事件处理的是（　　）。

A．事件　　　　　　B．事件源　　　　　　C．事件监听器　　　　　　D．事件处理器

二、填空题

Android 的事件处理模型常用的有（　　　　）和（　　　　）。

三、问答题

1. 简述基于监听接口的事件处理模型的编程步骤。
2. 简述 Android 中点击事件、长按事件、键盘事件、触摸事件、焦点改变事件、选择改变事件对应的事件监听接口。
3. 哪些监听方法的返回值为布尔值？其意义有何不同？

四、编程题

写一个输入框，当对输入框进行触摸操作时可以获取触控行为的抬起、滑动、按下的状态，以及触摸操作的位置坐标。

第 5 章 Android 消息提示

学习目标

- 掌握 Toast 消息提示方法
- 掌握 AlertDialog 消息提示方法
- 熟悉 Notification 消息提示方法

如果你使用的是 Android 设备,那么你已经体验过不同类型的消息提示了吧,它们可以显示与系统错误、警告或已完成任务有关的提示信息。Android SDK 提供了三种主要类型的消息提示:Toast、AlertDialog 和 Notification。这三种消息提示足以满足用户的需求。

5.1 Toast 消息提示

Toast 比较适合向用户显示系统运行中的状态消息,这类消息的重要性级别一般比较低,不太需要用户过多关注,如通知用户下载已完成。消息的显示过程中,它不会将焦点从 Activity 上移开,经过一段时间后,Toast 提示框会自动消失。由于无法保证用户会完全注意 Toast 消息提示,因此关键信息不能使用 Toast 消息提示。

用户可以调用 Toast 类的方法进行 Toast 消息提示。Toast 类的主要方法如表 5.1 所示。

表 5.1 Toast 类的主要方法

方法	说明
makeText(Context context, CharSequence text, int duration)	用于设置提示信息。 context:指的是上下文信息,可以用 this 或者 getApplicationContext()获得。 text:用于设置提示信息文本,信息可以使用资源字串。 duration:设置文本显示的时间长短,一般取值为 Toast.LENGTH_SHORT 或 Toast.LENGTH_LONG
setGravity (int gravity, int xOffset, int yOffset)	设置提示信息在窗口中的显示位置。 gravity:可以取值 Gravity 类的成员常量值或者这些值的组合,如 Gravity.CENTER_VERTICAL、Gravity.TOP、Gravity.LEFT。 xOffset 和 yOffset:分别代表水平和垂直方向的偏移量,默认的 Toast 提示信息显示在窗口的底部
show()	显示信息设置的提示信息,只有执行了 show()方法,提示信息才能显示出来

5.1.1 默认效果

默认效果

如果直接调用 Toast 对象的 show()方法，则 Toast 消息会显示在屏幕中间偏下的位置。执行以下代码，显示效果如图 5.1 所示。

```
Toast.makeText(this,"默认效果",Toast.LENGTH_LONG).show();
```

这段代码首先调用 Toast 类的静态方法 makeText()得到 Toast 实例，该方法需要传入上下文信息、消息内容和文本显示的时间长短 3 个参数，然后调用 show()方法，将 Toast 显示出来。

5.1.2 自定义显示位置

自定义显示位置

用户可以通过调用 setGravity()方法来设置 Toast 消息的显示位置，本方法需要传入 3 个参数：位置常量、水平方向偏移量和垂直方向偏移量。例如，执行下面的代码，将 Toast 消息靠右显示，执行效果如图 5.2 所示。

```
Toast toast=Toast.makeText(this,"自定义显示位置",Toast.LENGTH_LONG);
toast.setGravity(Gravity.RIGHT,0,0);
toast.show();
```

图 5.1　Toast 默认效果

图 5.2　Toast 自定义显示位置

5.1.3 带图片效果

带图片效果

用户可以通过定制 Toast 消息界面显示带图片效果的消息。设置 Toast 消息界面的方法为 setView()。用户可以在布局文件（Layout）中设计消息界面的样式，然后通过布局加载器（LayoutInflater）将布局文件转换为 View 对象，进而设置为 Toast 的界面。

首先设计 Toast 的布局文件，代码如下所示。

```xml
<?xml version="1.0" encoding="utf_8"?>
<LinearLayout xmlns:android="http://schemas.android.com/apk/res/android"
    android:layout_width="match_parent"
    android:orientation="vertical"
    android:layout_height="match_parent">
    <!..ImageView 用于显示图片..>
    <ImageView
        android:layout_width="wrap_content"
        android:src="@android:drawable/sym_def_app_icon"
        android:layout_height="wrap_content" />
    <!..TextView 用于显示消息文本..>
    <TextView
        android:layout_width="wrap_content"
        android:id="@+id/ch5_toast_tv"
        android:layout_height="wrap_content" />
</LinearLayout>
```

然后，执行代码加载布局文件，设置显示的文本，显示 Toast。Toast 带图片效果如图 5.3 所示。

```
//得到布局加载器
LayoutInflater layoutInflater=getLayoutInflater();
//加载布局文件
View view1=layoutInflater.inflate(R.layout.layout_ch5_toast,null);
//设置消息文本
TextView textView=(TextView)view1.findViewById(R.id.ch5_toast_tv);
textView.setText("带图片效果");
//使用 new 关键字实例化 Toast 对象
Toast toast=new Toast(this);
//设置自定义界面
toast.setView(view1);
//设置显示时长
toast.setDuration(Toast.LENGTH_LONG);
toast.show();
```

图 5.3 Toast 带图片效果

5.2 AlertDialog 消息提示

AlertDialog
消息提示

在应用程序中，有时可以使用 AlertDialog 询问用户是否同意执行某项特定的操作。AlertDialog 是一个小窗口，可提示用户做出决定或输入其他信息。它不会填满屏幕，通常用于需要用户在确认之后才能继续操作的模态事件。

5.2.1 AlertDialog.Builder 类常用方法

AlertDialog 对象一般由 AlertDialog.Builder 对象进行构造。AlertDialog.Builder 是 AlertDialog 的内部类，其语法如下。

```
AlertDialog.Builder alertDialogBuilder = new AlertDialog.Builder(this);
```

Builder 类可用来进行提示信息的设置和用户点击事件的响应。一个对话框至多有三个按钮，可以分别设置三个按钮的相应事件。AlertDialog.Builder 类的常用方法如表 5.2 所示。

表 5.2 AlertDialog.Builder 类的常用方法

方法	说明
Builder(Context context)	创建 Builder 对象，一般用 this 或 getApplicationContext()
setTitle(CharSequence title)	设置对话框的标题
setMessage(CharSequence message)	设置提示信息
setIcon(Drawable icon)	设置提示框的图标
setNegativeButton(CharSequence text, DialogInterface.OnClickListener l)	设置 NegativeButton 按钮标题及响应事件
setPositiveButton(CharSequence text, DialogInterface.OnClickListener l)	设置 PositiveButton 按钮标题及响应事件
setNeutralButton(CharSequence text, DialogInterface.OnClickListener l)	设置 NeutralButton 按钮标题及响应事件
create()	建立 AlertDialog 对象

5.2.2 创建 AlertDialog 的步骤

创建 AlertDialog 的步骤如下。
（1）获得 AlertDialog 的静态内部类 Builder 对象。
（2）通过 Builder 对象设置对话框的标题、按钮及按钮将要响应的事件。
（3）调用 Builder 对象的 create()方法创建 AlertDialog 对话框对象。
（4）AlertDialog 对话框对象调用 show()方法可显示对话框。
以下代码创建了图 5.4 所示的带有 3 个按钮的 AlertDialog 对话框。

```
//（1）获得AlertDialog的静态内部类Builder对象
AlertDialog.Builder builder=new AlertDialog.Builder(this);
//（2）通过Builder对象设置对话框的图标
builder.setIcon(android.R.drawable.ic_dialog_alert);
//通过Builder对象设置对话框的标题
builder.setTitle("标题");
//通过Builder对象设置对话框的信息
builder.setMessage("提示信息");
```

```
//通过Builder对象设置对话框的按钮和将要响应的事件
builder.setPositiveButton("开启", new DialogInterface.OnClickListener() {
    @Override
    public void onClick(DialogInterface dialogInterface, int i) {

    }
});
builder.setNegativeButton("关闭",new DialogInterface.OnClickListener() {
    @Override
    public void onClick(DialogInterface dialogInterface, int i) {

    }
});
builder.setNeutralButton("取消",new DialogInterface.OnClickListener() {
    @Override
    public void onClick(DialogInterface dialogInterface, int i) {

    }
});
//(3)调用Builder对象的create()方法创建AlertDialog对话框对象
AlertDialog alertDialog=builder.create();
//(4)AlertDialog对话框对象调用show()方法显示对话框
alertDialog.show();
```

图 5.4 AlertDialog 对话框示例

5.3 Notification 消息提示

Notification 消息提示

Notification 是一种出现在任务栏的通知提示,常见的短信、未接来电提示等就属于该类通知。当通知信息到达时,系统会用声音、振动等方式提示用户,同时会在通知区域显示一个指定图标,当用户点击图标时,可以看到通知的详细信息,如图 5.5 所示。

图 5.5 Notification 示例

Notification 通知主要由以下几项组成。
(1)小图标(Icon),使用 setSmallIcon()方法指定。
(2)应用(App)名称,取自系统。
(3)时间戳,系统接收通知的时间,可以使用 setWhen()方法指定。

（4）消息标题，使用 setContentTitle()方法指定。

（5）消息内容，使用 setContentText()方法指定。

（6）大图标，使用 setLargeIcon()方法指定。

5.3.1 通知管理器

Notification 一般由系统服务通知管理器（NotificationManager）来统一管理，因此，在发出 Notification 之前首先要获得系统服务。一般使用 getSystemService(String name)函数获得，参数 name 为服务注册的 Action 字符串常量。获得通知管理器系统服务的操作代码如下。

```
NotificationManager mNotificationManager=
    (NotificationManager)getSystemService (NOTIFICATION_SERVICE);
```

NotificationManager 的主要方法如表 5.3 所示。

表5.3 **NotificationManager 的主要方法**

方法	说明
cancel(int id)	取消以前显示的一个通知
cancelAll()	取消以前显示的所有通知
notify(int id,Notification notification)	把通知发送到状态条上，id 为赋予 notification 的编号

5.3.2 Notification 的构建

在不同的 Android 版本中，Notification 的构建推荐使用的操作类不同。在 Android 3.0 之前使用 Notification 类，Android 3.0 至 Android 4.0 推荐使用 Notification.Builder 类，在 Android 4.0 后推荐使用 NotificationCompat.Builder 类。

这三个类的基本操作方法类似，这里以 NotificationCompat.Builder 类为例讲解通知信息的构造。

1．NotificationCompat.Builder 类

NotificationCompat.Builder 类负责构建 Notification 对象，在 Builder 对象中设置 Notification 对象的相关属性。NotificationCompat.Builder 类的常用方法如表 5.4 所示。

表5.4 **NotificationCompat.Builder 类的常用方法**

方法	说明
setContentTitle(CharSequence title)	设置通知信息的标题
setContentText(CharSequence text)	设置通知信息的内容
setContentIntent(PendingIntent intent)	设置点击通知图标后将要执行的 Intent
setWhen(long timestamp)	设置通知显示的时间
setDefaults (int defaults)	设置默认值，如声音、振动、灯光等。 Notification.DEFAULT_SOUND：默认声音。 Notification.DEFAULT_VIBRATE：默认振动。 Notification.DEFAULT_LIGHTS：默认灯光。 Notification.DEFAULT_ALL：所有默认值
setSmallIcon(int icon)	设置通知的默认图标

续表

方法	说明
setLargeIcon (Bitmap icon)	设置通知的大图标
setSound(Uri sound)	设置通知所用声音
setLights (int argb, int onMs, int offMs)	设置通知到达时的灯光信息。 argb：LED 灯的颜色。 onMs：LED 开始时的闪光时间（以毫秒计算）。 offMs：LED 关闭时的闪光时间（以毫秒计算）

2. PendingIntent 对象

PendingIntent 对象是指延迟或即将执行的 Intent 或 Action。PendingIntent 对象一般可以使用 PendingIntent 类 的 getActivity(Context,int,Intent,int)、getActivities(Context,int,Intent[],int)、getBroadcast (Context,int,Intent,int)和 getService(Context,int,Intent,int)等方法建立，本书只介绍 getActivity()方法的使用。

getActivity(Context context,int requestCode,Intent intent,int flags)方法用于获得可以在某个上下文中运行的 PendingIntent 对象，类似 Context.startActivity(Intent)，要启动的 Activity 将运行在参数 context 指定的上下文中而不是其原来上下文中。getActivity()方法的参数如表 5.5 所示。参数 flags 可使用的常量如表 5.6 所示。

表 5.5　getActivity()方法的参数

参数	说明
context	PendingIntent 对象要运行的上下文
requestCode	请求发送端的私有请求代码
intent	要启动的 Intent，注意这里的 Intent 一定要是显式 Intent
flags	指定当 Intent 启动的 Activity 运行出现特定情况时的操作，取值参见表 5.6

表 5.6　参数 flags 可使用的常量

状态值	说明
FLAG_ONE_SHOT	限定 PendingIntent 只能使用一次
FLAG_NO_CREATE	如果描述的 PendingIntent 不存在，只是返回一个 null 值，而不是再创建
FLAG_CANCEL_CURRENT	如果描述的 PendingIntent 已存在，则在产生一个新的 PendingIntent 之前先取消当前的 PendingIntent
FLAG_UPDATE_CURRENT	如果描述的 PendingIntent 已存在，则保留当前 PendingIntent，但是要用当前的附加数据替换原有的附加数据

5.3.3　Notification 的使用步骤

Notification 的使用步骤如下。

（1）获得系统服务 NotificationManager 对象。

（2）建立 Notification.Builder 类对象。
（3）设置 Builder 类对象的基本信息，如图标、标题、内容信息等。
（4）建立要执行的 PendingIntent 对象。
（5）设置 Builder 类对象的 ContentIntent。
（6）调用 Builder 类的 build()方法构造 Notification 对象。
（7）NotificationManager 服务对象调用 notify()函数发出通知。
（8）用户查看通知后，取消通知。

下面给出一个 Notification 使用的实例，其作用是点击"通知"按钮（见图 5.6）后发出通知（见图 5.5），点击"通知"的图标后运行另外一个窗体（见图 5.7）Ch5Activity3，在窗体 Ch5Activity3 中显示通知的详细内容，并在状态栏上删除通知的图标。

图 5.6 包含"通知"按钮的界面

图 5.7 点击"通知"跳转的界面

点击"通知"按钮后执行的主要代码如下。

```
//（1）获得系统服务 NotificationManager 对象
NotificationManager mNotificationManager=
        (NotificationManager)getSystemService(NOTIFICATION_SERVICE);
//（2）建立 Notification.Builder 类对象
NotificationCompat.Builder builder=new NotificationCompat.Builder(this);
//（3）设置 Builder 类对象的基本信息，如图标、标题、内容信息等
builder.setSmallIcon(android.R.drawable.ic_dialog_email);
Bitmap largeIcon = BitmapFactory.decodeResource(getResources(),
android.R.drawable.ic_dialog_email);
builder.setContentTitle("标题");
builder.setContentText("消息内容");
builder.setWhen(System.currentTimeMillis());
builder.setDefaults(Notification.DEFAULT_VIBRATE);
builder.setLargeIcon(largeIcon);
builder.setTicker("Ticker");
//（4）建立要执行的 PendingIntent 对象
Intent intent=new Intent(this,Ch5Activity3.class);
PendingIntent
pendingIntent=PendingIntent.getActivity(this,1,intent,PendingIntent.FLAG_UPDATE_CURRENT);
//（5）设置 Builder 类对象的 ContentIntent
builder.setContentIntent(pendingIntent);
//（6）调用 Builder 类的 build()方法构造 Notification 对象
Notification notification=builder.build();
//（7）NotificationManager 服务对象调用 notify()函数发出通知
mNotificationManager.notify(123,notification);
```

点击"通知"按钮，跳转的窗体 **Ch5Activity3** 的代码如下所示：

```
public class Ch5Activity3 extends AppCompatActivity {
```

```
    @Override
    protected void onCreate(Bundle savedInstanceState) {
        super.onCreate(savedInstanceState);
        setContentView(R.layout.layout_ch5_3);
        //（8）用户查看通知后，取消通知
        NotificationManager mNotificationManager=
            (NotificationManager)getSystemService(NOTIFICATION_SERVICE);
        mNotificationManager.cancel(123);
    }
}
```

本章小结

本章介绍了 Android 消息提示主要使用的三种组件：Toast、AlertDialog 和 Notification。它们分别有不同的适用场合，用户可根据信息的特点进行合理的选择。本章首先讲解了这三种组件对应的类及其常用方法，然后通过实例来演练这些组件的使用。消息提示在开发过程中会经常用到，读者应熟练掌握它。

习 题

一、填空题

1. 设置 Toast 消息居中显示的方法是（　　　　）。

2. 创建 Notification 对象需要使用的是（　　　　），发送通知栏信息使用的方法是（　　　　），取消发送通知栏信息的方法是（　　　　）。

3. 创建一个 AlertDialog 对话框需要使用的对象类是（　　　　）。

二、简答题

1. 简述 Toast 消息提示框的特点。

2. 简述 Notification 通知栏的适用情况。

3. 简述一个对话框包含的内容。

三、编程题

编写 Android 程序，模拟实现用户登录功能。如果用户名是张三，密码是 123，点击"登录"按钮，触发点击事件，使用 Toast 提示"登录成功"，否则提示"登录失败"。效果如图 5.8 所示。

图 5.8　显示效果

activity_main.xml 代码如下。

```
<?xml version="1.0" encoding="utf_8"?>
```

```xml
<LinearLayout xmlns:android="http://schemas.android.com/apk/res/android"
    android:layout_width="match_parent"
    android:layout_height="match_parent"
    android:orientation="vertical">
   （1）     请补全代码
    <EditText
        android:layout_width="match_parent"
        android:layout_height="wrap_content"
        android:id="@+id/login_password"
        android:hint="请输入您的密码"/>
   （2）     请补全代码
</LinearLayout>
```

MainActivity 代码如下。

```
public class MainActivity extends AppCompatActivity {
    //声明
     （3）      请补全代码
    @Override
    protected void onCreate(Bundle savedInstanceState) {
        super.onCreate(savedInstanceState);
     （4）      请补全代码
    }
```

第 6 章 Android 资源管理

学习目标

- 熟悉 Android 资源类型
- 掌握资源存储映射方式
- 掌握常用资源类型的使用方法
- 掌握资源文件的引用方法

资源是在编写代码时使用的附加文件和静态内容，如位图、布局定义、用户界面字符串和菜单项定义等。

将应用程序资源（如图像和字符串）从代码中分离出来，这样便于独立地维护它们。另外，还可以为特定设备配置（Device Configurations）提供备用资源（方法是将资源分组到特殊命名的资源目录中）。运行时，Android 会根据当前配置使用适当的资源。

分离出应用程序资源之后，编写代码时可以使用项目 R 类中生成的资源 ID 访问它们。本章介绍如何在 Android 项目中对资源进行分组，并为特定设备配置提供备用资源，然后从应用程序代码或其他 XML 文件中访问它们。

6.1 Android 资源简介

新建一个项目后，其目录结构大致如图 6.1 所示。res 目录包含所有资源（在子目录中）：图像资源（graphic.png）、两个布局资源（main.xml 和 info.xml）、启动图标（icon.png）和字符串资源文件（strings.xml）。

Android 资源简介

```
MyProject/
    src/
        MyActivity.java
    res/
        drawable/
            graphic.png
        layout/
            main.xml
            info.xml
        mipmap/
            icon.png
        values/
            strings.xml
```

图 6.1　项目的目录结构

6.1.1 常用资源目录

系统的所有资源都放在项目的 res 目录下，并按照资源类型划分不同的目录。表 6.1 所示为系统常用的资源目录。

表 6.1 系统常用的资源目录

目录名	说明
raw	以原生形式保存的资源
xml	运行时可以被系统读取的 XML 文件
drawable	与图像相关的位图或 XML 文件
layout	用户界面的布局文件
menu	菜单项的定义文件
values	字符串、数组和尺寸等资源
Anim	与动画相关的资源文件

6.1.2 资源文件的命名规则

保存在资源目录中的文件要遵循以下命名规则。
（1）文件名的取值范围为 a~z、_、0~9，即小写字母、下画线和数字。
（2）文件名称的开头可以是下画线或小写字母，但不能是数字。
（3）如果要区分两个单词，可以使用 "_" 作为分隔符。

6.2 资源的访问

在应用程序中提供资源后，可以通过引用其资源 ID 来使用它。所有资源 ID 都在项目的 R 类中定义，R 类是由 AAPT 自动生成和维护的。

编译应用程序时，AAPT 会生成 R 类，其中包含 res 目录中所有资源的资源 ID。每个该类型的资源都有一个 R 子类（如所有图像资源的 R.drawable），每个该类型的资源都有一个静态整数（如 public static final int icon = 0x7f020098），该整数用于检索资源的资源 ID。

资源 ID 由以下内容组成。
（1）资源类型。每个资源都分组为"类型"，如字符串、图像和布局。
（2）资源名称。资源名称可以是文件名（不包括扩展名，如布局文件），或是 XML 文件中 android:name 属性的值（如字符串这种简单值的资源）。

6.2.1 在代码中访问资源

在 Java 代码中访问资源时，需要使用 R 类的子类中的静态成员与资源建立关联，如 R.string.hello。其中，string 是资源类型，hello 是资源名称。当以此格式提供资源 ID 时，许多 Android API 可以访问该资源。

1. 语法

[<package_name>.]R.<resource_type>.<resource_name>

（1）<package_name>是资源所在的程序包的名称。引用程序包本身的资源时不需要包名，引用系统资源时一般要使用 android 作为包名。

（2）<resource_type>是资源类型的 R 子类。

（3）<resource_name>是没有扩展名的资源文件名或 XML 元素中的 android:name 属性值（适用于简单值，如字符串资源等）。

2. 示例

许多方法都接受资源 ID 作为参数。也可以使用 Resources 类中的方法直接检索资源，如得到字符串。

以下是代码中访问资源的一些示例。

```
// 加载图像资料作为背景
getWindow().setBackgroundDrawableResource(R.drawable.my_background_image);

// 设置窗口的标题, setTitle()方法需要字符串类型的参数, 所以首先调用Resources 类的getText()方法
getWindow().setTitle(getResources().getText(R.string.main_title));

// 设置当前界面的布局
setContentView(R.layout.main_screen);

// 使用资源ID设置TextView组件的文本
TextView msgTextView = (TextView) findViewById(R.id.msg);
msgTextView.setText(R.string.hello_message);
```

6.2.2 在 XML 中访问资源

在 XML 文件中定义某些属性和元素的值时，可以引用现有的资源。例如，在创建布局文件时，会为组件提供字符串或图像，XML 元素定义如下所示。

```
<Button
    android:layout_width="fill_parent"
    android:layout_height="wrap_content"
    android:text="@string/submit" />
```

1. 语法

@[<package_name>:]<resource_type>/<resource_name>

参数<package_name>、<resource_type>、<resource_name>的说明详见 6.2.1 节。

2. 示例

首先，在资源文件中定义颜色和字符串资源。

```
<?xml version="1.0" encoding="utf_8"?>
<resources>
    <color name="opaque_red">#f00</color>
    <string name="hello">Hello!</string>
```

```
</resources>
```

然后，在布局文件中引用已定义的颜色和字符串，此时不需要使用包名。

```
<?xml version="1.0" encoding="utf_8"?>
<EditText xmlns:android="http://schemas.android.com/apk/res/android"
    android:layout_width="fill_parent"
    android:layout_height="fill_parent"
    android:textColor="@color/opaque_red"
    android:text="@string/hello" />
```

如果需要引用系统资源，则需要加上包名。例如，引用系统定义的颜色资源的代码如下。

```
<?xml version="1.0" encoding="utf_8"?>
<EditText xmlns:android="http://schemas.android.com/apk/res/android"
    android:layout_width="fill_parent"
    android:layout_height="fill_parent"
    android:textColor="@android:color/secondary_text_dark"
    android:text="@string/hello" />
```

6.3 常用的资源类型

本节主要介绍常用资源的用法、格式和语法等内容。

6.3.1 字符串资源

从应用（或其他资源文件，如 XML 布局）引用的单个字符串，可以应用某些样式设置标记和格式设置参数。

字符串资源

1. 文件位置

`res/values/filename.xml`

filename 可以是符合命名规则的任意值。

2. 资源引用

在 Java 中：

`R.string.string_name`

在 XML 中：

`@string/string_name`

3. 语法

```
<?xml version="1.0" encoding="utf_8"?>
<resources>
    <string name="string_name">text_string</string>
</resources>
```

string 元素的 name 将用作资源 ID。

4. 示例

保存在 res/values/strings.xml 中的 XML 文件如下。

```xml
<?xml version="1.0" encoding="utf_8"?>
<resources>
    <string name="hello">Hello!</string>
</resources>
```

在布局 XML 中引用一个字符串的代码如下。

```xml
<TextView
    android:layout_width="fill_parent"
    android:layout_height="wrap_content"
    android:text="@string/hello" />
```

在 Java 代码中可以使用 getString(int)或 getText(int)来检索字符串。getText(int) 将保留应用于字符串的任何富文本样式设置。

```
String string = getString(R.string.hello);
```

5. 格式和样式

关于如何正确设置字符串资源的格式和样式，应该了解以下两点。

（1）转义撇号和引号

如果字符串中包含撇号（'），必须用反斜杠（\'）将其转义，或为字符串加上双引号（""）。一些有效和无效的字符串如下。

```xml
<!--下例有效..-->
<string name="good_example">This\'ll work</string>
<!--下例有效..-->
<string name="good_example_2">"This'll also work"</string>
<!--下例无效..-->
<string name="bad_example">This doesn't work</string>
```

如果字符串中包含双引号，必须将其转义（使用\"）。为字符串加上单引号不起作用。

```xml
<!--下例有效..-->
<string name="example1">This is a \"good string\".</string>
<!--下例无效..-->
<string name="example2">This is a "bad string".</string>
<!--下例无效..-->
<string name="bad_example_2">'This is another "bad string".'</string>
```

（2）设置字符串格式

如果需要使用 String.format(String, Object...)设置字符串格式，可以通过在字符串资源中加入格式参数来实现。例如，对于以下资源格式字符串有两个参数：%1$s 是一个字符串，而 %2$d 是一个十进制数字。

```xml
<string name="welcome_messages">Hello, %1$s! You have %2$d new messages.</string>
```

可以像下面这样使用应用中的参数设置字符串格式。

```
Resources res = getResources();
String text = String.format(res.getString(R.string.welcome_messages), username, mailCount);
```

6.3.2 颜色资源

可以将常用的颜色值定义在 XML 文件中。颜色由 RGB 值和 alpha 通道组成。可以在任何接受十六进制颜色值的地方使用颜色资源。

颜色值始终以井号（#）开头，然后是下列格式之一的 Alpha.Red.Green.Blue 信息。

```
#RGB
#ARGB
#RRGGBB
#AARRGGBB
```

颜色资源

1. 文件位置

res/values/colors.xml

文件名（如 colors.xml）可以是符合命名规则的任意值。

2. 资源引用

在 Java 中：

R.color.color_name

在 XML 中：

@[package:]color/color_name

3. 语法

```
<?xml version="1.0" encoding="utf_8"?>
<resources>
    <color name="color_name">hex_color</color>
</resources>
```

color 元素可用来定义一种颜色资源，它的 name 属性将用作资源 ID。

4. 示例

保存在 res/values/colors.xml 中的 XML 文件如下。

```
<?xml version="1.0" encoding="utf_8"?>
<resources>
    <color name="opaque_red">#f00</color>
    <color name="translucent_red">#80ff0000</color>
</resources>
```

在布局 XML 中引用一个字符串的代码如下。

```
<TextView
    android:layout_width="fill_parent"
    android:layout_height="wrap_content"
    android:textColor="@color/translucent_red"
    android:text="Hello"/>
```

在 Java 中引用资源的代码如下。

```
Resources res = getResources();
int color = res.getColor(R.color.opaque_red);
```

6.3.3 尺寸资源

在 XML 文件中定义的尺寸值由数字和度量单位组成，如 10px、2in 和 5sp。Android 支持的度量单位如表 6.2 所示。

尺寸资源

表 6.2　Android 支持的度量单位

单位	说明
dp	密度独立像素，基于屏幕物理密度之上的抽象单位。相对于 160 dpi（每英寸的像素数，1 英寸=2.54 厘米）的屏幕而言，其 1dp 大致等于 1px。在屏幕上运行时，用于绘制 1dp 的像素数会按照适合屏幕 dpi 的系数放大或缩小。dp 与像素的比率将随着屏幕密度而变化。使用 dp 单位（而不是 px 单位）可以使布局中的视图尺寸适当调整以适应不同的屏幕密度。换句话说，它为不同设备的 UI 元素的实际大小提供了一致性
px	像素（Pixels），对应于屏幕上的实际像素。建议不要使用此度量单位，因为实际显示的效果可能因设备而异；每个设备可以具有单位面积不同数量的像素，并且在屏幕上的总像素数目也不确定
sp	与比例无关的像素。它与 dp 单位类似，但它也可以通过用户的字体大小首选项进行缩放。在指定字体大小时建议使用此单位，以便根据屏幕密度和用户偏好调整它们
pt	点（Point），基于屏幕的物理尺寸，1/72 英寸
mm	毫米，基于屏幕的物理尺寸
in	英寸，基于屏幕的物理尺寸

1. 文件位置

```
res/values/filename.xml
```

文件名（如 filename.xml）可以是符合命名规则的任意值。

2. 资源引用

在 Java 中：

```
R.dimen.dimension_name
```

在 XML 中：

```
@[package:]dimen/dimension_name
```

3. 语法

```
<?xml version="1.0" encoding="utf_8"?>
<resources>
    <dimen name="dimension_name">dimension</dimen>
</resources>
```

dimen 元素用于指定尺寸资源，它的 name 属性将用作资源 ID。

4. 示例

保存在 res/values/dimens.xml 中的 XML 文件如下。

```
<?xml version="1.0" encoding="utf_8"?>
<resources>
    <dimen name="textview_height">25dp</dimen>
    <dimen name="textview_width">150dp</dimen>
    <dimen name="ball_radius">30dp</dimen>
    <dimen name="font_size">16sp</dimen>
</resources>
```

在布局 XML 中引用一个字符串的代码如下。

```
<TextView
    android:layout_height="@dimen/textview_height"
    android:layout_width="@dimen/textview_width"
    android:textSize="@dimen/font_size"/>
```

在 Java 中引用资源的代码如下。

```
Resources res = getResources();
float fontSize = res.getDimension(R.dimen.font_size);
```

6.3.4 数组资源

Android 系统主要包含 3 种数组资源：字符串数组（String Array）、整型数组（Integer Array）和类型数组（Typed Array）。

1. 字符串数组

（1）文件位置

res/values/filename.xml

文件名（如 filename.xml）可以是符合命名规则的任意值。

（2）资源引用

在 Java 中：

R.array.string_array_name

在 XML 中：

@[package:]array/string_array_name

（3）语法

```
<?xml version="1.0" encoding="utf_8"?>
<resources>
    <string-array name="string_array_name">
        <item>text_string</item>
    </string-array>
</resources>
```

string-array 元素用于指定字符串数组，它的 name 属性将用作资源 ID。

（4）示例

保存在 res/values/strings.xml 中的 XML 文件如下。

```
<?xml version="1.0" encoding="utf_8"?>
<resources>
  <string-array name="planets_array">
      <item>Mercury</item>
      <item>Venus</item>
      <item>Earth</item>
      <item>Mars</item>
  </string-array>
</resources>
```

在 Java 中引用资源的代码如下。

```
Resources res = getResources();
String[] planets = res.getStringArray(R.array.planets_array);
```

2. 整型数组

（1）文件位置

res/values/filename.xml

文件名（如 filename.xml）可以是符合命名规则的任意值。

（2）资源引用

在 Java 中：

R.array.integer_array_name

在 XML 中：

@[package:] array/integer_array_name

（3）语法

```
<?xml version="1.0" encoding="utf_8"?>
<resources>
    <integer-array name="integer_array_name">
        <item>integer</item>
    </integer-array>
</resources>
```

<integer-array>用于指定整型数组，它的 name 属性将用作资源 ID。

（4）示例

保存在 res/values/strings.xml 中的 XML 文件如下。

```
<?xml version="1.0" encoding="utf_8"?>
<resources>
  <integer-array name="bitArray">
        <item>2</item>
        <item>8</item>
        <item>16</item>
        <item>32</item>
    </integer-array>
</resources>
```

在 Java 代码中引用资源的代码如下。

```
Resources res = getResources();
int[] bits = res.getIntArray(R.array.bitArray);
```

3. 类型数组

类型数组可用来创建其他资源的数组，如 drawables。注意，数组包含的元素不需要是同类的，因此可以创建混合资源类型的数组。在使用 getXXX()方法获取每个元素时，需要知道此元素的数据类型和在数组中的位置。

（1）文件位置

res/values/filename.xml

文件名（如 filename.xml）可以是符合命名规则的任意值。

（2）资源引用

在 Java 中：

R. array.array_name

在 XML 中：

```
@[package:] array/array_name
```

（3）语法

```
<?xml version="1.0" encoding="utf_8"?>
<resources>
    <array name="array_name">
        <item>resource</item>
    </array>
</resources>
```

其中，array 元素用于指定类型数组，它的 name 属性将用作资源 ID。

（4）示例

保存在 res/values/arrays.xml 中的 XML 文件如下。

```
<?xml version="1.0" encoding="utf_8"?>
<resources>
  <array name="icons">
      <item>@drawable/home</item>
      <item>@drawable/settings</item>
      <item>@drawable/logout</item>
  </array>
  <array name="colors">
      <item>#FFFF0000</item>
      <item>#FF00FF00</item>
      <item>#FF0000FF</item>
  </array>
</resources>
```

在 Java 中引用资源的代码如下。

```
Resources res = getResources();
TypedArray icons = res.obtainTypedArray(R.array.icons);
Drawable drawable = icons.getDrawable(0);

TypedArray colors = res.obtainTypedArray(R.array.colors);
int color = colors.getColor(0,0);
```

6.3.5　可绘制对象资源

可绘制对象资源

可绘制对象（Drawable）资源是指可在屏幕上绘制的图形，以及可以使用 getDrawable(int) 等 API 检索或应用到具有 android:drawable 和 android:icon 等属性的其他 XML 资源的图形。可绘制对象有多种类型，本节主要介绍位图文件、XML 位图、九宫格文件、状态列表和形状可绘制对象这 5 种类型。

1. 位图文件

Android 支持以下 3 种格式的位图文件：.png（首选）、.jpg（可接受）、.gif（不建议）。使用文件名作为资源 ID 直接引用位图文件。

（1）文件位置

```
res/drawable/filename.png（.png、.jpg 或 .gif）
```

文件名（如 filename）用作资源 ID。

（2）资源引用

在 Java 中：

`R.drawable.filename`

在 XML 中：

`@[package:]drawable/filename`

（3）示例

当图像保存在 res/drawable/myimage.png 后，此布局 XML 会将图像应用到视图。

```
<ImageView
    android:layout_height="wrap_content"
    android:layout_width="wrap_content"
    android:src="@drawable/myimage" />
```

在 Java 中将图像作为 Drawable 检索的代码如下。

```
Resources res = getResources();
Drawable drawable = res.getDrawable(R.drawable.myimage);
```

2. XML 位图

XML 位图是在 XML 中定义的资源，指向位图文件。它实际上是原始位图文件的别名。XML 可以指定位图的其他属性，如抖动和层叠。

（1）文件位置

`res/drawable/filename.xml`

文件名（如 filename）用作资源 ID。

（2）资源引用

在 Java 中：

`R.drawable.filename`

在 XML 中：

`@[package:]drawable/filename`

（3）语法

```
<?xml version="1.0" encoding="utf_8"?>
<bitmap
    xmlns:android="http://schemas.android.com/apk/res/android"
    android:src="@[package:]drawable/drawable_resource"
    android:antialias=["true" | "false"]
    android:dither=["true" | "false"]
    android:filter=["true" | "false"]
    android:gravity=["top" | "bottom" | "left" | "right" | "center_vertical" |
    "fill_vertical" | "center_horizontal" | "fill_horizontal" |"center" | "fill" |
    "clip_vertical" | "clip_horizontal"]
    android:tileMode=["disabled" | "clamp" | "repeat" | "mirror"] />
```

bitmap 元素主要属性说明如表 6.3 所示。

表 6.3　bitmap 元素主要属性说明

属性	说明
android:src	可绘制对象资源。必备。引用可绘制对象资源
android:antialias	布尔值。启用或停用抗锯齿
android:dither	布尔值。当位图的像素配置与屏幕不同时（如 ARGB8888 位图和 RGB565 屏幕），启用或停用位图抖动
android:filter	布尔值。启用或停用位图过滤。当位图收缩或拉伸以使其外观平滑时使用过滤
android:gravity	当位图小于容器时，可绘制对象在其容器中放置的位置
android:tileMode	定义平铺模式

（4）示例

保存在 res/drawable/drawable1.xml 中的 XML 文件如下。

```
<?xml version="1.0" encoding="utf_8"?>
<bitmap xmlns:android="http://schemas.android.com/apk/res/android"
    android:src="@drawable/icon"
    android:tileMode="repeat" />
```

在 Java 中引用资源的代码如下。

```
LinearLayout linearLayout=(LinearLayout) findViewById(R.id.ch6_3_11);
linearLayout.setBackground(getDrawable(R.drawable.drawable1));
```

3. 九宫格文件

在设计用户界面（User Interface，UI）时，可能需要更改默认的 View 组件背景，以便为应用程序提供自己的外观。大多数情况下，背景必须能够在各种设备上针对不同尺寸的屏幕正确缩放。随着视图大小的变化，Android 使用九宫格（Nine Patch）文件为缩放背景提供支持。

（1）原理

九宫格（见图 6.2）的含义：将图像分成九个定义的区域，每个区域都有特定的拉伸特性。

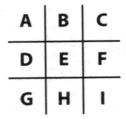

图 6.2　九宫格

① 角落区域（A，C，G，I）：这些区域是固定的，它们内部没有任何内容会拉伸。
② 水平边（D，F）：这些区域中的像素可以进行垂直拉伸。
③ 垂直边（B，H）：这些区域中的像素可以进行水平拉伸。
④ 中心（E）：该区域中的像素可在水平和垂直方向上均匀地拉伸。

（2）文件位置

res/drawable/filename.9.png

文件名（如 filename）用作资源 ID。

（3）资源引用

在 Java 中：

R.drawable.filename

在 XML 中：

@[package:]drawable/filename

（4）示例

创建文本框（TextView）组件的背景图像，如图 6.3 所示。

① 准备原始背景图像。使用绘图工具，创建图 6.4 所示的原始背景图像，命名为"textboxsrc.png"，用于文本框的背景。

图 6.3 使用九宫格图像作为文本框的背景

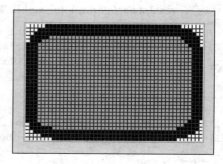

图 6.4 原始背景图像

② 使用 draw9patch 工具，创建九宫格（扩展名为.9.png）文件。用鼠标右键单击 textboxsrc.png，在弹出的菜单中选择"Create 9-Patch file"选项，即可打开 draw9patch 工具，如图 6.5 所示。用该工具将新文件命名为 textbox.9.png。

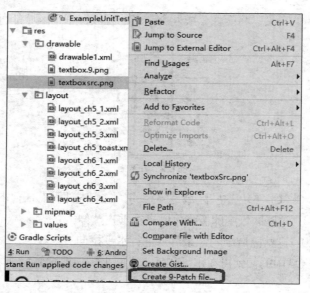

图 6.5 创建九宫格文件菜单

draw9patch 是开发环境自带的用于处理九宫格文件的工具，它允许用户在图像边框上使用标记来定义两种数据。一是可伸缩区域，图像必须包裹在布局中时要拉伸的图像部分，可通过在图像的上侧和左侧标记边框（原图外侧 1px 宽的区域）块来创建；二是内容区域，要插入内容的图像区域部分（通常是文本或通过 android:src 标记指向的内容），通过在图像的下侧和右侧标记边框（原图外侧 1px 宽的区域）块来创建。如图 6.6 所示，完成后保存即可。

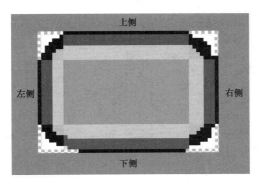

图 6.6　使用 draw9patch 确定可伸缩和内容区域

③ 在布局文件中引用九宫格文件。

```
<?xml version="1.0" encoding="utf_8"?>
<LinearLayout xmlns:android="http://schemas.android.com/apk/res/android"
    android:layout_width="match_parent"
    android:orientation="vertical"
    android:layout_height="match_parent">
<TextView
    android:layout_width="wrap_content"
    android:text="九宫格__测试"
    android:background="@drawable/textbox"
    android:layout_height="wrap_content" />
</LinearLayout>
```

4. 状态列表

状态列表（State List）是在 XML 中定义的可绘制对象。根据对象的状态，它使用多个不同的图像来表示同一个图形。例如，Button 组件可以是多种不同状态（按下、聚焦或这两种状态都不是）中的一种。利用状态列表可以为组件的每种状态提供不同的背景图片。

需要在 XML 文件中定义状态列表。每个状态由根元素 selector 内的 item 元素表示。每个 item 元素均使用各种属性来描述组件的状态。在每个状态变更期间，系统将从上到下遍历状态列表，并使用与当前状态匹配的首个项目绘制当前组件。

（1）文件位置

`res/drawable/filename.xml`

文件名（如 filename）用作资源 ID。

（2）资源引用

在 Java 中：

`R.drawable.filename`

在 XML 中：

@[package:]drawable/filename

（3）语法

```
<?xml version="1.0" encoding="utf_8"?>
<selector xmlns:android="http://schemas.android.com/apk/res/android">
    <item
        android:drawable="@[package:]drawable/drawable_resource"
        android:state_pressed=["true" | "false"]
        android:state_focused=["true" | "false"]
        android:state_hovered=["true" | "false"]
        android:state_selected=["true" | "false"]
        android:state_checkable=["true" | "false"]
        android:state_checked=["true" | "false"]
        android:state_enabled=["true" | "false"]
        android:state_window_focused=["true" | "false"] />
</selector>
```

item 元素的主要属性说明如表 6.4 所示。

表 6.4 item 元素的主要属性说明

属性	说明
android:drawable	可绘制对象资源。必备。引用可绘制对象资源
android:state_pressed	布尔值。如果在按下对象（如触摸/点击某按钮）时应使用此项目，则值为"true"；如果在默认的未按下状态时应使用此项目，则值为"false"
android:state_focused	布尔值。如果在对象具有输入焦点（如当用户选择文本输入时）时应使用此项目，则值为"true"；如果在默认的非焦点状态时应使用此项目，则值为"false"
android:state_hovered	布尔值。如果当光标悬停在对象上时应使用此项目，则值为"true"；如果在默认的非悬停状态时应使用此项目，则值为"false"
android:state_selected	布尔值。一般用于列表组件，如果当前用户选中的项目，则值为"true"；未选中的项目，则值为"false"
android:state_checkable	布尔值。如果当对象可选中时应使用此项目，则值为"true"；如果当对象不可选中时应使用此项目，则值为"false"
android:state_checked	布尔值。如果在对象已选中时应使用此项目，则值为"true"；如果在对象未选中时应使用此项目，则值为"false"
android:state_enabled	布尔值。如果在对象启用（能够接收触摸/点击事件）时应使用此项目，则值为"true"；如果在对象停用时应使用此项目，则值为"false"
android:state_window_focused	布尔值。如果当应用窗口有焦点（应用在前台）时应使用此项目，则值为"true"；如果当应用窗口没有焦点（如通知栏下拉或对话框出现）时应使用此项目，则值为"false"

（4）示例

保存在 res/drawable/button.xml 中的 XML 文件如下。

```
<?xml version="1.0" encoding="utf_8"?>
<selector xmlns:android="http://schemas.android.com/apk/res/android">
```

```xml
    <item android:state_pressed="true"
        android:drawable="@drawable/button_pressed" /> <!.. pressed ..>
    <item android:state_focused="true"
        android:drawable="@drawable/button_focused" /> <!.. focused ..>
    <item android:state_hovered="true"
        android:drawable="@drawable/button_focused" /> <!.. hovered ..>
    <item android:drawable="@drawable/button_normal" /> <!.. default ..>
</selector>
```

在布局 XML 文件中将状态列表可绘制对象应用到按钮的代码如下。

```xml
<Button
    android:layout_height="wrap_content"
    android:layout_width="wrap_content"
    android:background="@drawable/button" />
```

5. 形状可绘制对象

通过形状可绘制对象可以在 XML 中定义一般形状。

（1）文件位置

`res/drawable/filename.xml`

文件名（如 filename）用作资源 ID。

（2）资源引用

在 Java 中：

`R.drawable.filename`

在 XML 中：

`@[package:]drawable/filename`

（3）语法

```xml
<?xml version="1.0" encoding="utf_8"?>
<shape
    xmlns:android="http://schemas.android.com/apk/res/android"
    android:shape=["rectangle" | "oval" | "line" | "ring"] >
    <corners
        android:radius="integer"
        android:topLeftRadius="integer"
        android:topRightRadius="integer"
        android:bottomLeftRadius="integer"
        android:bottomRightRadius="integer" />
    <gradient
        android:angle="integer"
        android:centerX="float"
        android:centerY="float"
        android:centerColor="integer"
        android:endColor="color"
        android:gradientRadius="float"
        android:startColor="color"
        android:type=["linear" | "radial" | "sweep"] />
    <padding
        android:left="integer"
```

```
        android:top="integer"
        android:right="integer"
        android:bottom="integer" />
    <size
        android:width="integer"
        android:height="integer" />
    <solid
        android:color="color" />
    <stroke
        android:width="integer"
        android:color="color"
        android:dashWidth="integer"
        android:dashGap="integer" />
</shape>
```

android:shape 属性说明如表 6.5 所示。

表 6.5　android:shape 属性说明

属性值	说明
rectangle	以矩形填充视图。它是默认形状
oval	以椭圆填充视图
line	以视图宽度绘制水平线。此形状可用 stroke 元素定义线宽
ring	以环形填充视图

corners 元素为形状产生圆角，仅形状为矩形时适用，其属性说明如表 6.6 所示。

表 6.6　corners 元素属性说明

属性	说明
android:radius	尺寸。所有角的半径，以尺寸值或尺寸资源表示。每个角都会被以下 4 个属性覆盖
android:topLeftRadius	尺寸。左上角的半径，以尺寸值或尺寸资源表示
android:topRightRadius	尺寸。右上角的半径，以尺寸值或尺寸资源表示
android:bottomLeftRadius	尺寸。左下角的半径，以尺寸值或尺寸资源表示
android:bottomRightRadius	尺寸。右下角的半径，以尺寸值或尺寸资源表示

gradient 元素指定形状的渐变颜色，其属性说明如表 6.7 所示。

表 6.7　gradient 元素属性说明

属性	说明
android:angle	整型。渐变的角度（°）。0 为从左到右，90 为从上到下。必须是 45 的倍数。默认值为 0
android: centerX	浮点型。渐变中心相对 X 轴的位置（0～1.0）
android: centerY	浮点型。渐变中心相对 Y 轴的位置（0～1.0）
android: centerColor	颜色。起始颜色与结束颜色之间的可选颜色，表示为十六进制值或颜色资源
android: endColor	颜色。结束颜色，表示为十六进制值或颜色资源
android:gradientRadius	浮点型。渐变的半径。仅当 android:type="radial" 时适用

续表

属性	说明
android:startColor	颜色。起始颜色，表示为十六进制值或颜色资源
android:type	要应用的渐变图案的类型。有效值为 linear（线性）、radial（径向）和 sweep（流线型）

padding 元素指填充视图时的内边距，其属性说明如表 6.8 所示。

表 6.8　padding 元素属性说明

属性	说明
android:left	尺寸。左内边距，表示为尺寸值或尺寸资源
android:top	尺寸。上内边距，表示为尺寸值或尺寸资源
android:right	尺寸。右内边距，表示为尺寸值或尺寸资源
android:bottom	尺寸。下内边距，表示为尺寸值或尺寸资源

size 元素指形状的大小，其属性说明如表 6.9 所示。

表 6.9　size 元素属性说明

属性	说明
android: height	尺寸。形状的高度，表示为尺寸值或尺寸资源
android: width	尺寸。形状的宽度，表示为尺寸值或尺寸资源

solid 元素用于填充形状的颜色，其属性说明如表 6.10 所示。

表 6.10　solid 元素属性说明

属性	说明
android:color	颜色。应用于形状的颜色，表示为十六进制值或颜色资源

stroke 元素用于设置形状的线条，其属性说明如表 6.11 所示。

表 6.11　stroke 元素属性说明

属性	说明
android:color	颜色。线的颜色，表示为十六进制值或颜色资源
android:width	尺寸。线宽，以尺寸值或尺寸资源表示
android:dashGap	尺寸。短画线的间距，以尺寸值或尺寸资源表示。仅在设置 android:dashWidth 时有效
android:dashWidth	尺寸。短画线的大小，以尺寸值或尺寸资源表示。仅在设置 android:dashGap 时有效

（4）示例

使用形状可绘制对象实现带圆角和渐变色的文本框，如图 6.7 所示。

图 6.7 带圆角和渐变色的文本框

保存在 res/drawable/drawable2.xml 中的 XML 文件如下。

```xml
<?xml version="1.0" encoding="utf_8"?>
<shape xmlns:android="http://schemas.android.com/apk/res/android"
   android:shape="rectangle">
   <gradient
      android:startColor="#FFFF0000"
      android:endColor="#80FF00FF"
      android:angle="45"/>
   <padding android:left="7dp"
      android:top="7dp"
      android:right="7dp"
      android:bottom="7dp" />
   <corners android:radius="8dp" />
</shape>
```

在布局 XML 文件中将状态列表可绘制对象应用到按钮的代码如下。

```xml
<TextView
    android:layout_width="wrap_content"
    android:text="形状可绘制对象"
    android:id="@+id/ch6_5_textview"
    android:background="@drawable/drawable2"
    android:layout_height="wrap_content" />
```

在 Java 中引用资源的代码如下。

```
Resources res = getResources();
Drawable shape = res.getDrawable(R.drawable.drawable2);
TextView tv = (TextView)findViewByID(R.id.ch6_5_textview);
tv.setBackground(shape);
```

本 章 小 结

本章主要介绍如何使用 Android 资源、资源的分类、资源文件的命名规则和访问方式，以及常用资源的使用方法，并举例说明了在资源文件和 Java 中如何引用资源。资源的定义和引用在开发过程中必不可少，读者应熟练掌握。

习 题

一、填空题

1. 图片资源的存放路径为（　　　　　），字符串资源的存放路径为（　　　　　），菜单资源的存放路径为（　　　　　）。

2. 资源文件一般存放在（　　　　）格式的文件中。

3. 通过（　　　　）属性引用一个自定义的颜色资源。

4. 常用的数组资源中包含的子元素有（　　　）、（　　　）、（　　　）。

二、简答题

简述资源文件的引用方式。

三、编程题

使用 StateListDrawable 资源编写一个资源文件，要求输入框在获得焦点和失去焦点时输入框中的字体分别呈现不同的颜色状态。

第 7 章 Android UI 组件

学习目标
- 掌握基本组件的使用方法
- 掌握 ListView 组件的使用方法
- 掌握数据适配器的使用方法
- 了解复杂组件的使用方法

Android 系统提供了丰富的 UI 组件用于程序设计。在 Android Studio 中一般可以通过拖曳的方式对组件进行布局。各种组件都有一系列的属性和方法，通过这些属性和方法可以方便地操纵组件。对于具有事件触发的组件而言，开发人员可以设置事件监听器进行响应。

7.1 Android 用户界面框架

用户界面是系统与用户之间进行信息交互的接口，Android 借用了 Java 中的界面设计思想及事件响应机制。Android 系统为程序员提供了丰富的用户界面组件，包括菜单、对话框、按钮、文本框、下拉列表等。Android 支持控件拖放、XML 源码设计和程序代码操作三种设计形式。

Android 应用中所有的界面元素都是通过视图（View）或视图容器（ViewGroup）设计的，然后通过 Activity 来呈现。视图与视图容器的关系如图 7.1 所示。

图 7.1 视图与视图容器的关系

（1）视图是所有可视 UI 元素（组件）的基类，所有的 UI 组件（包括布局类）都是由 View 类派生出来的。

（2）视图容器是 View 类的扩展，它可以包含多个子视图容器或视图。

（3）Activity 代表呈现给用户的一个窗口界面。该窗口界面是由多个视图容器或视图组成的布局（Layout）文件，通过在 Activity 的 onCreate()方法中调用 setContentView()方法来设置要显示的布局，代码示例如下所示。

```
@Override
public void onCreate(Bundle savedInstanceState) {
    setContentView(R.layout.activity_main);
}
```

7.2 基本界面组件

7.2.1 组件常见属性

基本界面组件

不同的组件所具有的属性是不同的，组件的常见属性如表 7.1 所示。

表 7.1 组件的常见属性

属性	值	说明
android:id	@+id/组件名称	设置组件的名称，"@+id"将添加一个组件 ID 到资源中，程序可通过 R.id.<组件 ID>引用该组件
android:layout_height	fill_parent/wrap_content/px	设置布局高度，可以通过三种方式来指定高度：fill_parent（和父元素高度相同）、wrap_content（根据内容调整组件高度）、指定 px 值来设置精确高度
android:layout_width	fill_parent/wrap_content/px	设置布局宽度，可以采用三种方式：fill_parent、wrap_content、指定 px 值
android:orientation	horizontal/vertical	设置水平还是垂直布局，默认是垂直
android:checked	true/false	标记默认选中，如果是单选则选中最后一个
android:layout_gravity	center/right/left/bottom/top	用来设置当前视图相对于其父视图的位置，如一个按钮在 Linearlayout 中靠左、靠右等位置的设置
android:gravity	center/right/left/bottom/top	内容在视图中的位置限定，如一个按钮上的文字，可以设置该文字在视图靠左、靠右的位置
android:paddingLeft	16dp	定义内左边距
android:paddingRight	16dp	定义内右边距
android:hint	@string	设置当文本框为空时的提示信息
android:typeface	normal/sans/serif/monospace	设置字体
android:textSize	20dp	字体大小
android:textStyle	bold/italic/bolditalic	设置字形[bold(粗体) 0, italic(斜体) 1, bolditalic(又粗又斜) 2]，可以设置一个或多个，多个时用"｜"隔开
android:textColor	#ffffff	字体颜色
android:editable	true/false	是否可编辑
android:autoLink	none/web/email/phone/map/all	当文本为 URL 链接/E-mail/电话号码/地图时，设置文本是否显示为可点击的链接

续表

属性	值	说明
android:linksClickable	true/false	设置当 autoLink 为 true 时，链接是否允许点击
android:clickable	true/false	指定是否对组件 click 事件做出反应
android:onClick		指定在组件上下文中，当组件被点击之后要执行的方法程序，通常上下文指视图所在的 Activity。例如，android:onClick='pShow'，对应 Activity 中的 public void pShow (View view)方法，当该组件被点击后，pShow()方法就会被调用，参数 view 对应引起点击事件的组件，通过 view.getId()方法可获得该组件的 ID

7.2.2 文本框

文本框控件主要用于显示字符串，通过 android:textAppearance 属性可设置不同字体的大小。大字体、中字体和小字体对应的值分别为 "?android:attr/textAppearanceLarge" "?android:attr/textAppearanceMedium" 和 "?android:attr/textAppearanceSmall"。

1. XML 标签定义示例

```
<TextView
    android:id="@+id/txtPhone"
    android:layout_width="fill_parent"
    android:layout_height="wrap_content"
    android:text="电话" />
```

2. TextView 类常用方法

可以通过 TextView 类提供的方法对 TextView 控件进行操作。TextView 类常用方法如表 7.2 所示。

表 7.2　TextView 类常用方法

方法	说明
getText()	用于获取控件中显示的文本
setText()	将 text 设置为控件中要显示的文本
setTextColor()	设置文本颜色

7.2.3 编辑框

编辑框（EditText）控件可用于输入、显示、编辑字符串。android:inputType 属性主要用于设置输入文本的类型，以便输入法显示合适的键盘类型。该属性一般有如下设置值：none（不可编辑）、text（一般文本内容）、textCapCharacters（设置所有字母大写）、textCapWords（单词首字母大写）、textCapSentences（句子第一个字母大写）、textAutoCorrect（输入文本自动更正）、textAutoComplete（输入自动完成）、textMultiLine（多行输入）、textImeMultiLine（输入法多行显示）、textNoSuggestions（不提示）、textEmailAddress（电子邮件地址）、textEmailSubject（邮件主题）、textShortMessage（短信息，会多一个表情按钮)、textLongMessage（长信息）、textPersonName（人名）、textPostalAddress（地址）、textPassword（密码样式）、textVisiblePassword（可见密码）、textWebEditText（网页表单的文本样式）、textFilte（文本筛选过滤）、textPhonetic（拼音输入）、numberSigned（有符号数字格式）、numberDecimal（可带小数点的浮点格式）、phone（电话号码）、datetime（时间日期）、date（日期）、time（时间）。

1. XML 标签定义示例

```
<EditText
      android:id="@+id/edtPhone"
      android:layout_width="fill_parent"
      android:layout_height="wrap_content"
      android:inputType="phone"
      android:hint="@string/input_phone"
      android:text="" />
```

2. EditText 类常用方法

EditText 类是 TextView 类的子类，因此其常用方法与 TextView 类基本相同，如表 7.3 所示。

表 7.3 EditText 类常用方法

方法	说明
getText()	用于获取控件中显示的文本
setText()	将 text 设置为控件中要显示的文本
setTextColor()	设置文本颜色
setKeyListener()	设置键盘监听事件
setHintTextColor()	设置提示信息文本颜色

7.2.4 按钮

按钮（Button）控件主要用于响应用户点击并引发点击事件，通过设置按钮的 android:text 及 android:drawable 属性可以使按钮显示文本和图片。如果按钮只显示图片，可以使用 ImageButton 控件。图 7.2 所示为 Button 和 ImageButton 的示例。

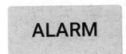 

（a）　　　　　　　　　　　（b）

图 7.2 Button 和 ImageButton 的示例

1. XML 标签定义示例

下面的代码可以实现图 7.2 所示的效果。

```
<Button
android:layout_width="wrap_content"
android:text="Alarm"
android:layout_height="wrap_content" />
```

```xml
<ImageButton
    android:layout_width="wrap_content"
    android:src="@android:drawable/ic_dialog_alert"
    android:layout_height="wrap_content" />
<Button
    android:layout_width="wrap_content"
    android:text="Alarm"
    android:drawableLeft="@android:drawable/ic_dialog_alert"
    android:layout_height="wrap_content" />
```

2. Button 类常用方法

Button 类是 TextView 类的子类，因此其常用方法与 TextView 类基本相同。另外，其最常用的方法是 setOnClickListener()，用于设置按钮的点击事件监听器。

7.2.5 复选框

复选框（CheckBox）是可以在给定的一系列选项中选中多项的控件。

1. XML 标签定义示例

```xml
<CheckBox android:id="@+id/checkbox_football"
    android:layout_width="wrap_content"
    android:layout_height="wrap_content"
    android:text="足球"
    android:onClick="onCheckboxClicked"/>
<CheckBox android:id="@+id/checkbox_basketball"
    android:layout_width="wrap_content"
    android:layout_height="wrap_content"
    android:text="篮球"
    android:onClick="onCheckboxClicked"/>
```

2. CheckBox 类常用方法

CheckBox 类常用方法如表 7.4 所示。

表 7.4　CheckBox 类常用方法

方法	说明
isChecked()	判断复选框是否选中
setChecked()	设置复选框状态
setOnClickListener()	设置复选框的点击事件监听器
setOnCheckedChangeListener()	设置复选框状态改变监听器
toggle()	改变复选框当前选中状态

7.2.6　单选按钮及单选按钮组

单选按钮（RadioButton）控件一般以按钮组的形式存在，只能在给定的系列选项组中选中一项，在设计时使用单选按钮组（RadioGroup）控件对其进行分组。用户选中某个选项时，控件也将产生点击事件；如果单选按钮控件以按钮组的形式存在，单选按钮组控件将产生 onCheckedChangeListener() 事件。

1. XML 标签定义示例

```
<RadioGroup
    android:id="@+id/rdg_sports"
    android:layout_width="wrap_content"
    android:layout_height="wrap_content" >
    <RadioButton
        android:id="@+id/rd_basketball"
        android:layout_width="wrap_content"
        android:layout_height="wrap_content"
        android:checked="true"
        android:text="篮球" />
    <RadioButton
        android:id="@+id/rd_football"
        android:layout_width="wrap_content"
        android:layout_height="wrap_content"
        android:text="足球" />
</RadioGroup>
```

2. RadioButton 和 RadioGroup 类常用方法

RadioButton 类常用的方法为 toggle()，用于转换按钮的选中状态，也可以在布局文件中设置 onClick 属性指定回调函数。一般单选按钮使用 RadioGroup 类成组操作。

RadioGroup 类常用方法如表 7.5 所示。

表 7.5 RadioGroup 类常用方法

方法	说明
check(int id)	设置按钮的选中状态，当 id 为-1 时，功能同 clearCheck()方法
clearCheck()	清除按钮的选中状态
setOnCheckedChangeListener()	设置单选按钮状态改变监听器
getCheckedRadioButtonId()	获得选中的 RadioButton 按钮的 ID

3. RadioGroup 事件设置

实现图 7.3 所示的效果，RadioGroup 控件的 OnCheckedChangeListener()事件的使用方式如下。

```
RadioGroup radioGroup=(RadioGroup)findViewById(R.id.rdg_sports);
radioGroup.setOnCheckedChangeListener(new RadioGroup.OnCheckedChangeListener() {
   @Override
   public void onCheckedChanged(RadioGroup radioGroup, @IdRes int checkedId) {
      switch(checkedId)
      {
         case R.id.rd_basketball:
            Toast.makeText(getApplicationContext(), "篮球",
                  Toast.LENGTH_LONG).show();
            break;
         case R.id.rd_football:
            Toast.makeText(getApplicationContext(), "足球",
                  Toast.LENGTH_LONG).show();
            break;
      }
   }
});
```

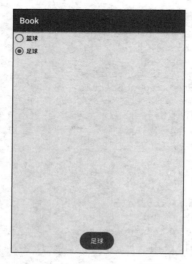

图 7.3　RadioGroup 示例

7.2.7　开关按钮

开关按钮（ToggleButton）允许用户在两个状态值间进行转换。该控件具有 android:textOn 和 android:textOff 两个属性，分别显示开状态和关状态下控件的文本。ToggleButton 样式如图 7.4 所示，点击时将产生点击事件。View.OnClickListener()监听器使用的方法与前面使用方式相同。

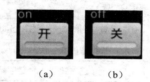

图 7.4　ToggleButton 样式

1. XML 标签定义示例

```
<ToggleButton
    android:id="@+id/tb_switch"
    android:layout_width="wrap_content"
    android:layout_height="wrap_content"
    android:textOn="开"
    android:textOff="关"
    android:onClick="onToggleClicked"/>
```

2. click 事件设置

```
public void onToggleClicked(View view) {
    boolean on = ((ToggleButton) view).isChecked();
    if (on) {
        txtMessage.setText("on");
    } else {
        txtMessage.setText("off");
    }
}
```

7.2.8 图像视图

1. XML 标签定义示例

```
<ImageView
    android:id="@+id/imgTest"
    android:layout_width="wrap_content"
    android:layout_height="wrap_content"
    android:src="@drawable/ic_launcher" />
```

2. ImageView 类常用方法

ImageView 类常用方法如表 7.6 所示。

表 7.6　ImageView 类常用方法

方法	说明
setAlpha(int alpha)	设置 ImageView 的透明度
setImageBitmap(Bitmap bm)	设置 ImageView 所显示的内容为指定 Bitmap 的对象
setImageResource(int resId)	设置 ImageView 所显示的内容为指定 id 的资源
setImageURI(Uri uri)	设置 ImageView 所显示的内容为指定 Uri
setMaxHeight(int h)	设置控件最大高度
setMaxWidth(int w)	设置控件最大宽度

3. 应用示例

以上面定义的 ImageView 控件为例，分别以 setImageBitmap() 函数和 setImageResource() 函数为控件设置图片（图片都保存在项目 drawable 目录中）。

```
//定义控件类对象
ImageView iv=(ImageView)findViewById(R.id.imgTest);
//以 setImageBitmap()函数为控件设置图片
Bitmap bitmap=BitmapFactory.decodeResource(getResources(),R.drawable.img1);
iv.setImageBitmap(bitmap);
//以 setImageResource()函数为控件设置图片
iv.setImageResource(R.drawable.ic_launcher);
```

7.3　ListView 组件

ListView 组件

ListView 组件主要用于以列表的形式显示数据并响应用户的选择点击事件。该控件数据的填充与下拉列表（Spinner）组件类似，可以通过 entries 属性绑定数据源，也可以通过数据适配器加载数据。

创建 ListView 组件，一般需要以下三个元素。

（1）ListView 中每一行的 View。View 可以是系统存在的布局 XML 文件，也可以是自定义的 XML 布局文件。

（2）需要展示的数据。数据既可以来自数组资源，也可以在程序中生成。

103

（3）连接数据与 ListView 的适配器。如果使用 entries 属性，可不使用适配器。

ListView 组件常用方法如表 7.7 所示。

表 7.7　ListView 组件常用方法

方法	说明
addFooterView()	给视图添加脚注
addHeaderView()	给视图添加头注
removeFooterView()	移除视图脚注
removeHeaderView()	移除视图头注
getAdapter()	获得当前视图适配器
getMaxScrollAmount()	获得视图的最大滚动数量
setAdapter()	为视图设置数据适配器
setDivider()	设置元素间的分隔符
setDividerHeight()	设置分隔符的高度
setSelection(int position)	设置视图中的选中项
setOnClickListener(View.OnClickListener l)	设置 ListView 点击事件监听器
setOnItemClickListener(AdapterView.OnItemClickListener listener)	设置 ListView 数据项点击监听器
setOnItemLongClickListener(AdapterView.OnItemLongClickListener listener)	设置长时间点击数据项时的监听器
setOnItemSelectedListener(AdapterView.OnItemSelectedListener listener)	设置数据项选定时的监听器

7.3.1　使用 entries 属性绑定数据源

一般使用 entries 属性绑定字符串数组资源。例如，为了实现图 7.5 所示的效果，首先定义字符串数组资源 listItem，如下所示。

```
<string-array name="listItem">
    <item>item1</item>
    <item>item2</item>
    <item>item3</item>
</string-array>
```

ListView 的 XML 标签定义如下所示。

```
<ListView
    android:layout_width="match_parent"
    android:entries="@array/listItem"
    android:layout_height="wrap_content">
</ListView>
```

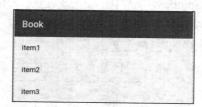

图 7.5　加载数组资源的 ListView

7.3.2 数据适配器

适配器主要用于提供数据转换功能，将源数据转换为目标组件需要的数据格式。Android 可以提供多种数据源，而组件能够识别的数据格式却很单一。因此，需要使用适配器实现数据源与组件直接的数据转换。

Android 针对不同的数据源提供了多种适配器，如 ArrayAdapter、SimpleAdapter、CursorAdapter、BaseAdapter 等。其中，ArrayAdapter 最为简单，它用来绑定一个数组，支持泛型操作；SimpleAdapter 有最好的扩充性，可以自定义各种效果，例如，可以组合 ImageView（图像视图）、Button（按钮）、CheckBox（复选框）等多种组件展示一项数据；CursorAdapter 用来绑定游标得到的数据，它可以看作 SimpleAdapter 与数据库的简单结合，可以方便地把数据库的内容以列表的形式展示出来；BaseAdapter 是一种基础数据适配器，BaseAdapter 类是一个抽象类，用户需要继承该类并实现相应的方法，从而对适配器进行更灵活的操作。

1. ArrayAdapter 适配器

ArrayAdapter 适配器主要用于将程序中声明的数组或字符串数组资源文件中的数据转换为组件能够识别的数据格式。ArrayAdapter 类提供了很多构造函数和方法。ArrayAdapter 类常用方法如表 7.8 所示。

表 7.8 ArrayAdapter 类常用方法

方法	说明
ArrayAdapter(Context context, int resource, T[] objects)	构造函数。 context：上下文环境，在 Activity 中一般用 this 或 getApplicationContext。 resource：资源 id，目标控件未展开时用于填充行数据的布局类型，如 android.R.layout.simple_spinner_item，也可以是自定义的布局。 T：泛型集合或数组
ArrayAdapter (Context context, int resource, List<T> objects)	
setDropDownViewResource(int resource)	resource：资源 id，目标控件展开时用于填充行数据的布局类型
createFromResource(Context context, int textArrayResId, int textViewResId)	构造来自数组资源文件的 ArrayAdapter 对象。 context：上下文环境，在 Activity 中一般用 this。 textArrayResId：定义的数组资源 id。 textViewResId：目标控件（ArrayAdapter）未展开时所使用的布局类型

2. SimpleAdapter 适配器

SimpleAdapter 适配器要求绑定的数据是 List<HashMap<String,Object>>数据类型，因此，一般先用 HashMap 构造 List 列表，List 列表的每一个元素对应 ListView 的每一行，HashMap 的每个键值数据映射为布局文件中对应的 id 组件，一般 XML 布局文件需要自定义。SimpleAdapter 类常用方法如表 7.9 所示。

表 7.9 SimpleAdapter 类常用方法

方法	说明
SimpleAdapter(Context context, List<? extends Map<String, ?>> data, int resource, String[] from, int[] to)	构造函数。 context：上下文环境，在 Activity 中一般用 this 或 getApplicationContext； data：要绑定的数据，以 Map 键值对形式存储。 resource：目标控件未展开时填充行数据的布局视图资源 id。 from：对应 Map 对象中的键名列表。 to：填充键值的组件列表，与键名列表对应
setDropDownViewResource(int resource)	resource：资源 id，目标控件展开时填充行数据的布局类型
getCount()	返回数据的行数
getView(int position, View convertView, ViewGroup parent)	position：表示将显示的数据行号。 convertView：有可能被再次使用的视图，一般为从布局文件中 inflate 来的布局。 parent：视图依附的父视图
getViewBinder()	返回用于绑定数据的视图
setViewBinder(SimpleAdapter.ViewBinder viewBinder)	设置绑定视图

3. BaseAdapter 适配器

BaseAdapter 类是适配器的通用基类，可以在 ListView 和 GridView 中使用。例如，当需要在 GridView 中自定义网格时，就可以继承 BaseAdapter 类来创建自己的适配器。BaseAdapter 类常用方法如表 7.10 所示。

表 7.10 BaseAdapter 类常用方法

方法	说明
getView(int i, View view, ViewGroup viewGroup)	当列表项视图即将显示时，将自动调用此函数。在此函数中，使用 LayoutInflater 类设置列表项的布局，然后设置布局中的 ImageView 和 TextView 等组件显示的内容
getItem(int i)	此函数用于获取与数据集中指定位置关联的数据项，以获取数据项集合中特定位置的相应数据
getCount()	返回要在列表中显示的项目总数
getItemId(int i)	返回某位置数据项的 ID。一般可以将项目的位置转换为 long 类型后返回

7.3.3 使用 ArrayAdapter 适配器绑定数据源

以下示例使用 ArrayAdapter 适配器实现图 7.5 所示的效果。
ListView 的 XML 标签定义如下所示。

```
<ListView
    android:layout_width="match_parent"
    android:id="@+id/ch7_listview"
    android:layout_height="wrap_content"></ListView>
```

在 Activity 中 onCreate()方法的实现如下所示。

```
super.onCreate(savedInstanceState);
setContentView(R.layout.layout_ch7_4);
String[]
strings=getResources().getStringArray(R.array.listItem);
ListView listView=(ListView) findViewById(R.id.ch7_listview);
ArrayAdapter arrayAdapter=new
ArrayAdapter(this,android.R.layout.simple_list_item_1, strings);
listView.setAdapter(arrayAdapter);
```

7.3.4 使用 SimpleAdapter 适配器绑定数据源

ListView 绑定 SimpleAdapter 适配器一般包括以下 5 个步骤。

① 定义一个用来显示每一行内容的布局 XML。
② 定义一个 HashMap 构成的列表,将数据以键值对的形式存储。
③ 建立对应的 SimpleAdapter 适配器对象。
④ 调用 ListView 对象的 setAdapter()方法为 ListView 设置所使用的适配器。
⑤ 调用 ListView 对象的 setOnItemClickListener()方法设置所使用的监听器,用于响应用户点击数据项后的事件,并实现 onItemClick()方法。

以下示例使用 SimpleAdapter 实现图 7.6 的效果。设计步骤如下。

图 7.6 使用 SimpleAdapter 实现效果

(1)定义一个用来显示每一行内容的布局 XML。

```
<?xml version="1.0" encoding="utf_8"?>
<LinearLayout xmlns:android="http://schemas.android.com/apk/res/android"
    android:layout_width="match_parent"
    android:orientation="horizontal"
    android:layout_height="match_parent">
    <ImageView
        android:layout_width="wrap_content"
        android:id="@+id/listview_row_img"
        android:layout_height="wrap_content" />
    <LinearLayout
        android:layout_width="wrap_content"
        android:orientation="horizontal"
        android:layout_height="wrap_content">
        <TextView
            android:layout_width="wrap_content"
            android:id="@+id/listview_row_name"
            android:layout_height="wrap_content" />
        <TextView
```

```xml
            android:layout_width="wrap_content"
            android:layout_marginLeft="20dp"
            android:id="@+id/listview_row_sex"
            android:layout_height="wrap_content" />
    </LinearLayout>
</LinearLayout>
```

（2）定义一个 HashMap 构成的列表，将数据以键值对的形式存储。

```java
ArrayList arrayList=new ArrayList();
HashMap hashMap=new HashMap();
hashMap.put("img",R.mipmap.ic_launcher);
hashMap.put("name","小明");
hashMap.put("gender","男");
arrayList.add(hashMap);
hashMap=new HashMap();
hashMap.put("img",R.mipmap.ic_launcher);
hashMap.put("name","小新");
hashMap.put("gender","男");
arrayList.add(hashMap);
hashMap=new HashMap();
hashMap.put("img",R.mipmap.ic_launcher);
hashMap.put("name","小华");
hashMap.put("gender","男");
arrayList.add(hashMap);
```

（3）建立对应的 SimpleAdapter 适配器对象。

```java
SimpleAdapter simpleAdapter=new SimpleAdapter(this,arrayList,R.layout.layout_ch7_5,new String[]{"img","name","gender"},new int[]{R.id.listview_row_img,R.id.listview_row_name,R.id.listview_row_sex});
```

（4）调用 ListView 对象的 setAdapter()方法为 ListView 设置所使用的适配器。

```java
ListView listView=(ListView)findViewById(R.id.ch7_listview);
listView.setAdapter(simpleAdapter);
```

（5）调用 ListView 对象的 setOnItemClickListener()方法设置所使用的监听器。

```java
AdapterView.OnItemClickListener onItemClickListener;
onItemClickListener = new AdapterView.OnItemClickListener(){
    @Override
    public void onItemClick(AdapterView<?> adapterView, View view, int pos, long l) {
        HashMap hashMap1=(HashMap) arrayList.get(pos);
        Toast.makeText(Ch7Activity3.this, hashMap1.get("name").toString(), Toast.LENGTH_SHORT).show();
    }
};
listView.setOnItemClickListener(onItemClickListener);
```

7.4 Spinner 组件

Spinner 组件是一种以下拉列表的形式（见图 7.7）供用户快速进行数据输入的下拉控件，可以通过 Spinner 组件的 entries 属性绑定数据源，也可以通过数据适配器加载数据。Spinner 组件可以使用下拉列表和对话框两种形式展示，通过 spinnerMode 属性进行控制。

图 7.7　Spinner 组件

1. XML 标签定义示例

```
<Spinner
        android:layout_width="wrap_content"
        android:prompt="@string/app_name"
        android:id="@+id/ch7_spinner"
        android:spinnerMode="dialog"
        android:layout_height="wrap_content"></Spinner>
```

2. Spinner 类常用方法

Spinner 类常用方法如表 7.11 所示。

表 7.11　Spinner 类常用方法

方法	说明
setPrompt()	设置对话框弹出的时候显示的提示
setAdapter()	设置数据适配器
setOnItemSelectedListener()	设置选项选中时的监听器

3. 示例

以下代码实现图 7.7 所示的效果，其中数据的加载使用了数组适配器。

```
protected void onCreate(Bundle savedInstanceState) {
    super.onCreate(savedInstanceState);
    setContentView(R.layout.layout_ch7_6);
    spinner=(Spinner)findViewById(R.id.ch7_spinner);
    //从资源文件加载数据源
arrayAdapter=ArrayAdapter.createFromResource(this,R.array.listItem,android.R.layout.simple_spinner_item);
    //设置下拉项展示的样式
    arrayAdapter.setDropDownViewResource(android.R.layout.simple_list_item_single_choice);
    spinner.setAdapter(arrayAdapter);
    //设置监听器，当用户选择后执行 onItemSelected()方法
    spinner.setOnItemSelectedListener(new AdapterView.OnItemSelectedListener() {
        @Override
        public void onItemSelected(AdapterView<?> adapterView, View view, int pos, long id) {
```

```
                String [] arr=getResources().getStringArray(R.array.listItem);
                Toast.makeText(Ch7Activity4.this,"你当前选择了: "+arr[pos],Toast.LENGTH_LONG).
show();
            }
            @Override
            public void onNothingSelected(AdapterView<?> adapterView) {
                Toast.makeText(Ch7Activity4.this,"未进行选择",Toast.LENGTH_LONG).show();
            }
        });

    }
```

7.5 复杂控件的使用方法

7.5.1 GridView 组件的使用方法

GridView 组件是一种在二维可滚动网格中显示项目的视图，如图 7.8 所示。网格中的项目来自与此视图关联的 ListAdapter。

GridView 组件的
使用方法

图 7.8 GridView 组件

1. XML 标签定义示例

```
<GridView xmlns:android="http://schemas.android.com/apk/res/android"
    android:id="@+id/gridview"
    android:layout_width="fill_parent"
    android:layout_height="fill_parent"
    android:columnWidth="90dp"
    android:numColumns="auto_fit"
    android:verticalSpacing="10dp"
    android:horizontalSpacing="10dp"
    android:stretchMode="columnWidth"
    android:gravity="center"
    />
```

2. GridView 常见属性

GridView 常见属性如表 7.12 所示。

表 7.12 GridView 常见属性

属性	说明
android:columnWidth	指定了每列的固定宽度，可以是 px、dp、sp、in 或 mm
android:gravity	指定每个单元格中内容的位置，可能的值有 top、bottom、left、right、center、center_vertical、center_horizontal 等

续表

属性	说明
android:horizontalSpacing	定义列之间的默认水平间距，可以是 px、dp、sp、in 或 mm
android:numColumns	定义要显示的列数。可以是整数值，如 "100"，也可以是 "auto_fit"，这意味着显示尽可能多的列以填充可用空间
android:stretchMode	定义列应如何拉伸以填充可用空白区域。 none：禁用拉伸； spacingWidth：每列之间的距离被拉伸； columnWidth：每列均匀拉伸； spacingWidthUniform：每列之间的距离均匀拉伸
android:verticalSpacing	定义行之间的默认垂直间距，可以是 px、dp、sp、in 或 mm

3. 与 BaseAdapter 适配器结合的示例

GridView 中显示的内容由 BaseAdapter 适配器提供。以下示例实现图 7.8 所示的效果。

（1）定义布局文件。

```xml
<?xml version="1.0" encoding="utf_8"?>
<GridView xmlns:android="http://schemas.android.com/apk/res/android"
    android:id="@+id/gridview"
    android:layout_width="fill_parent"
    android:layout_height="fill_parent"
    android:columnWidth="90dp"
    android:numColumns="auto_fit"
    android:verticalSpacing="10dp"
    android:horizontalSpacing="10dp"
    android:stretchMode="columnWidth"
    android:gravity="center"
    />
```

（2）继承 BaseAdapter，实现数据适配器。

```java
public class ImageAdapter extends BaseAdapter {
    private Context mContext;

    // Constructor
    public ImageAdapter(Context c) {
        mContext = c;
    }

    public int getCount() {
        return mThumbIds.length;
    }

    public Object getItem(int position) {
        return null;
    }

    public long getItemId(int position) {
        return 0;
    }
```

```java
// 为列表中每一项创建一个 ImageView
public View getView(int position, View convertView, ViewGroup parent) {
    ImageView imageView;

    if (convertView == null) {
        imageView = new ImageView(mContext);
        imageView.setLayoutParams(new GridView.LayoutParams(85, 85));
        imageView.setScaleType(ImageView.ScaleType.CENTER_CROP);
        imageView.setPadding(8, 8, 8, 8);
    }
    else
    {
        imageView = (ImageView) convertView;
    }
    imageView.setImageResource(mThumbIds[position]);
    return imageView;
}

// 在数组中保存图片
public Integer[] mThumbIds = {
R.drawable.dbble,R.drawable.fv,R.drawable.ing,R.drawable.linked,R.drawable.pist,
    R.drawable.twh,R.drawable.website,R.drawable.yb
};
```

（3）创建 Activity。

```java
public class Ch7Activity6 extends AppCompatActivity {
    @Override
protected void onCreate(Bundle savedInstanceState) {
        super.onCreate(savedInstanceState);
        setContentView(R.layout.layout_ch7_8);

        GridView gridview = (GridView) findViewById(R.id.gridview);
        gridview.setAdapter(new ImageAdapter(this));

    }
}
```

7.5.2 AutoCompleteTextView 组件的使用方法

AutoComplete-
TextView 组件
的使用方法

AutoCompleteTextView 组件是在用户键入时自动提示的可编辑文本视图，如图 7.9 所示。提示列表显示在下拉菜单中，用户可以从中选择要替换编辑框内容的项目，也可以通过按后退键随时解除下拉。提示列表从数据适配器获取，并且仅在阈值定义的给定数量的字符之后出现。

图 7.9 AutoCompleteTextView 组件

1. XML 标签定义示例

```
<AutoCompleteTextView android:id="@+id/autoCompleteTextView"
    android:layout_height="wrap_content"
    android:layout_width="match_parent"
    xmlns:android="http://schemas.android.com/apk/res/android">
</AutoCompleteTextView>
```

2. AutoCompleteTextView 常见属性

AutoCompleteTextView 常见属性如表 7.13 所示。

表 7.13 AutoCompleteTextView 常见属性

属性	说明
android:completionHint	定义下拉菜单中显示的说明,如图 7.9 所示的 "..select country.."
android:completionThreshold	阈值,定义在下拉菜单中显示提示之前用户必须键入的字符数

3. 示例

以下示例实现了图 7.9 所示的效果。

(1) 定义布局文件。

```
<?xml version="1.0" encoding="utf_8"?>
<AutoCompleteTextView android:id="@+id/autoCompleteTextView"
    android:layout_height="wrap_content"
    android:layout_width="match_parent"
    android:completionHint="..select country.."
    xmlns:android="http://schemas.android.com/apk/res/android">
</AutoCompleteTextView>
```

(2) 创建 Activity。

```
public class Ch7Activity7 extends AppCompatActivity {
    protected void onCreate(Bundle icicle) {
        super.onCreate(icicle);
        setContentView(R.layout.layout_ch7_9);

        ArrayAdapter<String> adapter = new ArrayAdapter<String>(this,
                android.R.layout.simple_dropdown_item_1line, COUNTRIES);
        AutoCompleteTextView textView = (AutoCompleteTextView)
                findViewById(R.id.autoCompleteTextView);
        textView.setAdapter(adapter);
    }

    private static final String[] COUNTRIES = new String[] {
            "Belgium", "France", "Italy", "Germany", "Spain"
    };
}
```

7.5.3 ExpandableListView 组件的使用方法

ExpandableListView 组件的使用方法

ExpandableListView 组件是一种可显示垂直滚动条的两级列表,如图 7.10 所示。它与 ListView 的不同之处在于:它既能以折叠/展开的方式显示两个级别的数据，也能单独展开以显示第二级的数据。列表项来自与此视图关联的 ExpandableListAdapter。

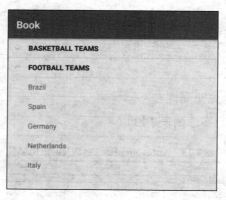

图 7.10　ExpandableListView 组件

1. XML 标签定义示例

```
<ExpandableListView
    android:id="@+id/expandableListView"
    android:layout_height="match_parent"
    android:layout_width="match_parent"
    android:indicatorLeft="?android:attr/expandableListPreferredItemIndicatorLeft"
    android:divider="@android:color/darker_gray"
    android:dividerHeight="0.5dp" />
```

2. ExpandableListView 常见属性

ExpandableListView 常见属性如表 7.14 所示。

表 7.14　ExpandableListView 常见属性

属性	说明
android:groupIndicator	一级项目旁显示的标识
android:childIndicator	二级项目旁显示的标识
android:divider	一级项目分隔符，可使用颜色或可绘制对象
android:dividerHeight	一级项目分隔符高度
android:childDivider	二级项目分隔符，可使用颜色或可绘制对象

3. ExpandableListView 可实现的接口

ExpandableListView 可实现的接口如表 7.15 所示。

表 7.15　ExpandableListView 可实现的接口

接口	说明
ExpandableListView.OnChildClickListener	实现在单击展开列表中的子项时调用的回调方法
ExpandableListView.OnGroupClickListener	实现在单击一级项目时调用的回调方法
ExpandableListView.OnGroupCollapseListener	一级项目折叠时执行
ExpandableListView.OnGroupExpandListener	一级项目展开时执行

4. ExpandableListAdapter 常见方法

ExpandableListAdapter 常见方法如表 7.16 所示。

表 7.16 ExpandableListAdapter 常见方法

方法	说明
getChild(int groupPosition, int childPosition)	获取某个一级项目下的二级项目
getChildId(int groupPosition, int childPosition)	获取某个二级项目的 ID
getChildView(int groupPosition, int childPosition, boolean isLastChild, View convertView, ViewGroup parent)	获取某个二级项目的视图,其中 convertView 参数是可重用旧视图。在使用之前,应该检查此视图是否为非 null 且具有适当的类型
getChildrenCount(int groupPosition)	获取某个一级项目下的二级项目数目
getGroup(int groupPosition)	获取某个一级项目
getGroupCount()	获取一级项目的数目
getGroupId(int groupPosition)	获取某个一级项目的 ID
getGroupView(int groupPosition, boolean isExpanded, View convertView, ViewGroup parent)	获取某个一级项目的视图,其中 convertView 参数是可重用旧视图。在使用之前,应该检查此视图是否为非 null 且具有适当的类型

5. 示例

以下示例实现了图 7.10 的效果。

（1）定义整体界面布局文件。

```xml
<?xml version="1.0" encoding="utf_8"?>
<LinearLayout xmlns:android="http://schemas.android.com/apk/res/android"
    android:layout_width="match_parent"
    android:layout_height="match_parent">
    <ExpandableListView
        android:id="@+id/expandableListView"
        android:layout_height="match_parent"
        android:layout_width="match_parent"
        android:indicatorLeft="?android:attr/expandableListPreferredItemIndicatorLeft"
        android:divider="@android:color/darker_gray"
        android:dividerHeight="0.5dp" />
</LinearLayout>
```

（2）定义显示一级项目的布局文件 list_group.xml。

```xml
<?xml version="1.0" encoding="utf_8"?>
<LinearLayout xmlns:android="http://schemas.android.com/apk/res/android"
    android:orientation="vertical" android:layout_width="match_parent"
    android:layout_height="match_parent">
    <TextView
        android:id="@+id/listTitle"
        android:layout_width="fill_parent"
        android:layout_height="wrap_content"
        android:paddingLeft="?android:attr/expandableListPreferredItemPaddingLeft"
        android:textColor="@android:color/black"
        android:paddingTop="10dp"
        android:paddingBottom="10dp" />
</LinearLayout>
```

（3）定义显示二级项目的布局文件 list_item.xml。

```xml
<?xml version="1.0" encoding="utf_8"?>
<LinearLayout xmlns:android="http://schemas.android.com/apk/res/android"
    android:orientation="vertical" android:layout_width="match_parent"
    android:layout_height="wrap_content">
    <TextView
        android:id="@+id/expandedListItem"
        android:layout_width="fill_parent"
        android:layout_height="wrap_content"
        android:paddingLeft="?android:attr/expandableListPreferredChildPaddingLeft"
        android:paddingTop="10dp"
        android:paddingBottom="10dp" />
</LinearLayout>
```

（4）准备分级数据。

```java
public class ExpandableListData {
    public static HashMap<String, List<String>> getData() {
        HashMap<String, List<String>> expandableListDetail = new HashMap<String, List<String>>();

        List<String> football = new ArrayList<String>();
        football.add("Brazil");
        football.add("Spain");
        football.add("Germany");
        football.add("Netherlands");
        football.add("Italy");

        List<String> basketball = new ArrayList<String>();
        basketball.add("United States");
        basketball.add("Spain");
        basketball.add("Argentina");
        basketball.add("France");
        basketball.add("Russia");

        expandableListDetail.put("FOOTBALL TEAMS", football);
        expandableListDetail.put("BASKETBALL TEAMS", basketball);
        return expandableListDetail;
    }
}
```

（5）继承 ExpandableListAdapter 实现数据适配器。

```java
public class CustomExpandableListAdapter extends BaseExpandableListAdapter {
    private Context context;
    private List<String> expandableListTitle;
    private HashMap<String, List<String>> expandableListDetail;

    public CustomExpandableListAdapter(Context context, List<String> expandableListTitle,
        HashMap<String, List<String>> expandableListDetail) {
        this.context = context;
        this.expandableListTitle = expandableListTitle;
        this.expandableListDetail = expandableListDetail;
    }

    @Override
    public Object getChild(int listPosition, int expandedListPosition) {
```

```java
    return this.expandableListDetail.get(this.expandableListTitle.get(listPosition)).
get(expandedListPosition);
}

@Override
public long getChildId(int listPosition, int expandedListPosition) {
    return expandedListPosition;
}

@Override
public View getChildView(int listPosition, final int expandedListPosition,
    boolean isLastChild, View convertView, ViewGroup parent) {
    final String expandedListText = (String) getChild(listPosition, expandedListPosition);
    if (convertView == null) {
        LayoutInflater layoutInflater = (LayoutInflater) this.context.
            getSystemService(Context.LAYOUT_INFLATER_SERVICE);
        convertView = layoutInflater.inflate(R.layout.list_item, null);
    }
    TextView expandedListTextView = (TextView) convertView.
        FindViewById(R.id.expandedListItem);
    expandedListTextView.setText(expandedListText);
    return convertView;
}

@Override
public int getChildrenCount(int listPosition) {
    return this.expandableListDetail.get(this.expandableListTitle.get(listPosition)).
        size();
}

@Override
public Object getGroup(int listPosition) {
    return this.expandableListTitle.get(listPosition);
}

@Override
public int getGroupCount() {
    return this.expandableListTitle.size();
}

@Override
public long getGroupId(int listPosition) {
    return listPosition;
}

@Override
public View getGroupView(int listPosition, boolean isExpanded,
    View convertView, ViewGroup parent) {
    String listTitle = (String) getGroup(listPosition);
    if (convertView == null) {
        LayoutInflater layoutInflater = (LayoutInflater) this.context.
            getSystemService(Context.LAYOUT_INFLATER_SERVICE);
        convertView = layoutInflater.inflate(R.layout.list_group, null);
    }
```

```
        TextView listTitleTextView=(TextView)convertView.findViewById(R.id.listTitle);
        listTitleTextView.setTypeface(null, Typeface.BOLD);
        listTitleTextView.setText(listTitle);
        return convertView;
    }

    @Override
    public boolean hasStableIds() {
        return false;
    }

    @Override
    public boolean isChildSelectable(int listPosition, int expandedListPosition) {
        return true;
    }
}
```

（6）实现 Activity。

```
public class Ch7Activity8 extends AppCompatActivity {
    ExpandableListView expandableListView;
    ExpandableListAdapter expandableListAdapter;
    List<String> expandableListTitle;
    HashMap<String, List<String>> expandableListDetail;

    @Override
    protected void onCreate(Bundle savedInstanceState) {
        super.onCreate(savedInstanceState);
        setContentView(R.layout.layout_ch7_10);
        expandableListView = (ExpandableListView) findViewById(R.id.expandableListView);
        expandableListDetail = ExpandableListData.getData();
        expandableListTitle = new ArrayList<String>(expandableListDetail.keySet());
        expandableListAdapter = new CustomExpandableListAdapter(this, expandableListTitle,
            expandableListDetail);
        expandableListView.setAdapter(expandableListAdapter);
    }
}
```

7.5.4 TabHost 组件的使用方法

TabHost 组件的使用方法

在 Android 系统中，TabHost 组件是用于选项卡式窗口视图的容器，如图 7.11 所示。TabHost 组件包含两个子项：一个子项是用户点击以选择特定选项卡的选项卡标签集，另一个子项是显示该页面内容的 FrameLayout 对象。在 Activity 中使用 TabHost 组件时，需要继承 TabActivity 而不是 Activity。

1. XML 标签定义示例

```
<TabHost xmlns:android="http://schemas.android.com/apk/res/android"
    android:id="@+id/tabHostExample"
    android:layout_width="match_parent"
    android:layout_height="match_parent">
</TabHost>
```

图 7.11 TabHost 组件

2. TabHost 常用方法

TabHost 常用方法如表 7.17 所示。

表 7.17 TabHost 常用方法

方法	说明
newTabSpec(String tabName)	创建新选项卡。参数为选项卡的名称，不用于显示
addTab(TabSpec tabSpec)	向 TabHost 增加一个选项卡
setOnTabChangedListener(OnTabChangeListener listener)	注册监听器，用于在选项卡切换时执行

3. 示例

以下示例实现图 7.11 所示的效果。TabHost 中存在"SHORT MESSAGE"和"PHONE CALL"两个选项卡，每个选项卡中展示一个数据列表。

（1）定义整体界面布局文件。

```xml
<?xml version="1.0" encoding="utf_8"?>
<TabHost xmlns:android="http://schemas.android.com/apk/res/android"
    android:id="@+id/tabHostExample"
    android:layout_width="match_parent"
    android:layout_height="match_parent">
<!.. SMS tab content...>
<LinearLayout
    android:id="@+id/smsTab"
    android:layout_width="match_parent"
    android:layout_height="match_parent"
    android:orientation="vertical">
    <ListView
        android:id="@+id/smsList"
        android:layout_width="match_parent"
        android:layout_height="wrap_content" />
</LinearLayout>
<!.. Phone tab content...>
<LinearLayout
    android:id="@+id/phoneTab"
    android:layout_width="match_parent"
    android:layout_height="match_parent"
    android:orientation="vertical">
```

```xml
<ListView
    android:id="@+id/phoneList"
    android:layout_width="match_parent"
    android:layout_height="wrap_content" />
    </LinearLayout>
</TabHost>
```

(2) 实现 Activity。

```java
public class Ch7Activity9 extends TabActivity {
    @Override
    protected void onCreate(Bundle savedInstanceState) {
        super.onCreate(savedInstanceState);
        // 获取 TabHost 对象
        TabHost tabHost = this.getTabHost();
        // 初始化布局
        LayoutInflater layoutInflater = LayoutInflater.from(this);
        layoutInflater.inflate(R.layout.layout_ch7_11, tabHost.getTabContentView(), true);
        // 创建第一个选项卡
        TabSpec smsTabSpec = tabHost.newTabSpec("Short Message Tab");
        smsTabSpec.setIndicator("SHORT MESSAGE");
        // 将布局中 id 为 smsTab 的 LinearLayout 设置为本 tab 的内容
        smsTabSpec.setContent(R.id.smsTab);
        // 初始化 ListView 中的数据
        List<String> smsListData = new ArrayList<String>();
        smsListData.add("Hello this is Android phone.");
        smsListData.add("Android is very good.");
        smsListData.add("I love Android.");
        smsListData.add("Java is still very popular.");
        smsListData.add("Hi Android developer.");
        ArrayAdapter<String> smsListAdapter = new ArrayAdapter<String>(this,
                android.R. layout.simple_list_item_1,android.R.id.text1, smsListData);
        ListView smsListView = (ListView)findViewById(R.id.smsList);
        smsListView.setAdapter(smsListAdapter);
        // 将选项卡加入 TabHost
        tabHost.addTab(smsTabSpec);
        // 创建第二个选项卡
        TabSpec phoneTabSpec = tabHost.newTabSpec("Phone Tab");
        phoneTabSpec.setIndicator("PHONE CALL");
        // 将布局中 id 为 phoneTabSet 的 LinearLayout 设置为本 Tab 的内容
        phoneTabSpec.setContent(R.id.phoneTab);
        // 初始化 ListView 中的数据
        List<String> phoneListData = new ArrayList<String>();
        phoneListData.add("12301234567");
        phoneListData.add("12301234577");
        phoneListData.add("12301234587");
        phoneListData.add("12301234597");
        phoneListData.add("12301234568");
        phoneListData.add("12301234569");
        ArrayAdapter<String> phoneListAdapter = new ArrayAdapter<String>(this,
                android.R. layout.simple_list_item_1,android.R.id.text1, phoneListData);
        ListView phoneListView = (ListView)findViewById(R.id.phoneList);
        phoneListView.setAdapter(phoneListAdapter);
        // 将选项卡加入 TabHost
```

```
            tabHost.addTab(phoneTabSpec);
            // 响应选项卡切换事件
            tabHost.setOnTabChangedListener(new TabHost.OnTabChangeListener() {
                @Override
                public void onTabChanged(String s) {
                    AlertDialog alertDialog = new AlertDialog.Builder(Ch7Activity9.this).create();
                    alertDialog.setMessage("You select tab " + s);
                    alertDialog.show();
                }
            });
        }
    }
```

7.5.5 ProgressBar 组件的使用方法

ProgressBar 组件用于指示操作进度的用户界面元素，如图 7.12 所示。它以非中断方式向用户显示进度条。一般在应用的用户界面或通知中显示进度条，而不是在对话框中显示。

图 7.12 ProgressBar 组件

ProgressBar 支持两种表示进度的模式：不确定和确定。当不确定操作需要多长时间时，使用进度条的不确定模式。不确定模式是进度条的默认模式，并显示没有指定特定进度的循环动画。如果要显示总量和已完成量确定的进度，则使用进度条的确定模式。例如，正在检索的文件的剩余百分比，写入数据库的批处理中的记录数量，或正在播放的音频文件的剩余百分比。可以通过 android:progress 和 style 属性设置当前的进度和进度条显示的方向。

1. XML 标签定义示例

```
<ProgressBar
    android:layout_width="match_parent"
    style="@android:style/Widget.ProgressBar.Horizontal"
    android:progress="25"
    android:id="@+id/progressBar"
    android:layout_height="wrap_content" />
```

2. ProgressBar 常用方法

ProgressBar 常用方法如表 7.18 所示。

表 7.18 ProgressBar 常用方法

方法	说明
setProgress(int value)	更新当前的进度
setMax(int max)	设置最大进度值
setIndeterminate(boolean indeterminate)	设置进度的模式：true 为不确定模式，false 为确定模式

3. 示例

此示例演示了进度条的使用，按下按钮时开始更新进度，为了模拟进度条滚动的效果，启动了新的线程，并在其中实现进度的更新。

（1）定义整体界面布局文件。

```xml
<?xml version="1.0" encoding="utf_8"?>
<LinearLayout android:layout_width="match_parent"
    android:layout_height="match_parent"
    android:orientation="vertical"
    xmlns:android="http://schemas.android.com/apk/res/android">
    <ProgressBar
        android:layout_width="match_parent"
        style="@android:style/Widget.ProgressBar.Horizontal"
        android:progress="25"
        android:id="@+id/progressBar"
        android:layout_height="wrap_content" />
    <Button
        android:layout_width="wrap_content"
        android:text="START"
        android:onClick="startProg"
        android:layout_height="wrap_content" />
</LinearLayout>
```

（2）实现 Activity。

```java
public class Ch7Activity10 extends AppCompatActivity {
    @Override
    protected void onCreate(Bundle savedInstanceState) {
        super.onCreate(savedInstanceState);
        setContentView(R.layout.layout_ch7_12);
    }
    public void startProg(View view){
        final ProgressBar progressBar=(ProgressBar)findViewById(R.id.progressBar);
        final Thread t = new Thread() {
            @Override
            public void run() {
                super.run();
                int i=0;
                try{
                    while (i<=100){
                        progressBar.setProgress(i);
                        i+=25;
                        sleep(1000);
                    }
                }catch (Exception e){
                    Log.e("progressBar",e.toString());
                }
            }
        };
        t.start();
    }
}
```

7.6 菜单组件

菜单组件

菜单组件是许多应用中常见的用户界面组件。使用菜单 API 在 Activity 中显示与操作有关的选项,这样有助于向用户提供熟悉且一致的用户体验。从 Android 3.0（API 版本 11）开始,不再需要设备上专用的菜单按钮,而是提供应用栏（App Bar）以显示常见的用户操作。菜单主要包含两种基本类型:选项菜单和上下文菜单。

7.6.1 菜单的定义

Android 提供标准 XML 格式来定义菜单项,可以在 Activity 中加载菜单资源。将菜单作为一种资源进行定义有如下好处。

（1）在 XML 中可视化菜单结构更容易。

（2）将菜单内容与应用程序的行为代码分开。

（3）允许通过利用应用程序资源框架为不同的平台版本、屏幕大小和其他配置创建备用菜单配置。

在项目的 res/menu/目录中创建 XML 文件定义菜单,并使用表 7.19 所示的元素构建菜单。

表 7.19 构建菜单的元素

元素	说明
menu	定义菜单。menu 元素必须是文件的根节点,并且可以包含一个或多个 item 和 group 元素
item	它表示菜单中的单个项目。此元素可能包含嵌套的 menu 元素,以便创建子菜单
group	不可见容器。它允许对菜单项进行分类,以便它们共享诸如活动状态和可见性等属性

item 元素支持几个可用于定义菜单项外观和行为的属性。item 元素属性如表 7.20 所示。

表 7.20 item 元素的属性

元素	说明
android:id	菜单项唯一的资源 ID,允许应用程序在用户选择项目时识别该项目
android:icon	对 drawable 的引用,用作菜单项的图标
android:title	菜单项的标题
android:showAsAction	菜单项是否显示在应用栏

7.6.2 选项菜单

选项菜单（Options Menu）中应包含与当前 Activity 上下文相关的操作和选项,如"搜索""撰写电子邮件"和"设置"。可以在应用栏中找到选项菜单中的项目。默认情况下,用户只能通过应用栏右侧的操作溢出（Action Overflow）图标显示该项目。要启用对重要操作的快速访问,可以通过将 android:showAsAction ="ifRoom"添加相应的 item 元素来使一些菜单项目显示在应用栏中。选项菜单示例如图 7.13 所示。

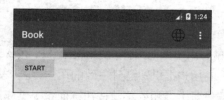

图 7.13　选项菜单示例

要指定 Activity 的选项菜单，需要覆盖 onCreateOptionsMenu()方法。在此方法中，可以将菜单资源（在 XML 中定义）加载到此方法提供的菜单类型的参数中。图 7.13 所示的示例实现如下所示。

（1）定义菜单资源文件（res/menu/ch7_1.xml）。

```
<?xml version="1.0" encoding="utf_8"?>
<menu xmlns:android="http://schemas.android.com/apk/res/android"
   xmlns:app="http://schemas.android.com/apk/res.auto">
   <item android:id="@+id/new_game"
      android:icon="@drawable/website"
      android:title="new_game"
      app:showAsAction="ifRoom"/>
   <item android:id="@+id/help"
      android:title="help" />
</menu>
```

（2）覆盖 Activity 的 onCreateOptionsMenu()方法。

```
@Override
   public boolean onCreateOptionsMenu(Menu menu) {
       MenuInflater inflater = getMenuInflater();
       inflater.inflate(R.menu.ch7_1, menu);
       return true;
   }
```

（3）处理点击事件。当用户从选项菜单中选择一个项目（包括应用栏中的操作项）时，系统会调用 Activity 的 onOptionsItemSelected()方法。此方法传递选定的 MenuItem。可以通过调用 getItemId()函数来标识该项，该函数返回菜单项的唯一 ID（由菜单资源中的 android:id 属性定义）。可以将此 ID 与已知菜单项匹配，以执行相应的操作。示例如下所示。

```
@Override
   public boolean onOptionsItemSelected(MenuItem item) {
       switch (item.getItemId()){
           case R.id.new_game:
              Toast.makeText(this,"new game",Toast.LENGTH_SHORT).show();
              return true;
           case R.id.help:
             Toast.makeText(this,"help",Toast.LENGTH_SHORT).show();
              return true;
           default:
              return super.onOptionsItemSelected(item);
       }
   }
```

7.6.3 上下文菜单

上下文菜单（Context Menu）提供影响 UI 中特定组件或上下文框架的操作，如图 7.14 所示。它可以为任何组件提供上下文菜单，但一般通常用于 ListView、GridView 或其他视图集合中的项目，用户可以在其中对每个项目执行直接操作。

图 7.14 上下文菜单

当用户在声明支持上下文菜单的组件上执行长按动作时，菜单显示为菜单项的浮动列表（类似对话框）。用户可以一次对一个项目执行上下文操作。

以下步骤能够实现图 7.14 所示的效果。

（1）定义菜单资源文件（res/menu/ch7_2.xml），代码如下所示。

```xml
<?xml version="1.0" encoding="utf_8"?>
<menu xmlns:android="http://schemas.android.com/apk/res/android">
    <item android:id="@+id/edit_note"
        android:title="edit note"/>
    <item android:id="@+id/delete_note"
        android:title="delete note" />
</menu>
```

（2）通过调用 registerForContextMenu()方法为组件注册上下文菜单。如果为 Activity 中的 ListView 或 GridView 提供上下文菜单，则将 ListView 或 GridView 作为 registerForContextMenu()方法的参数来注册。代码如下所示。

```
@Override
protected void onCreate(Bundle savedInstanceState) {
    super.onCreate(savedInstanceState);
    setContentView(R.layout.layout_ch7_4);
    ListView listView=(ListView)findViewById(R.id.ch7_listview);
    registerForContextMenu(listView);
}
```

（3）在 Activity 中实现 onCreateContextMenu()方法。当注册组件收到长按事件时，系统将调用 onCreateContextMenu()方法。此方法常用来定义菜单项，通常是通过加载菜单资源来实现的。代码如下所示。

```
@Override
public void onCreateContextMenu(ContextMenu menu, View v, ContextMenu.ContextMenuInfo
menuInfo) {
    super.onCreateContextMenu(menu, v, menuInfo);
    MenuInflater inflater = getMenuInflater();
    inflater.inflate(R.menu.ch7_2, menu);
}
```

（4）实现 onContextItemSelected()方法。当用户选择一个菜单项时，系统调用该方法可以确保用户执行正确的动作。代码如下所示。

```
@Override
public boolean onContextItemSelected(MenuItem item) {
    AdapterView.AdapterContextMenuInfo
    adapterContextMenuInfo=(AdapterView.AdapterContextMenuInfo)item.getMenuInfo();
    int position=adapterContextMenuInfo.position;
    switch (item.getItemId()){
        case R.id.edit_note:
            HashMap hashMap1=(HashMap) arrayList.get(position);
            Toast.makeText(Ch7Activity3.this, hashMap1.get("name").toString(),
            Toast.LENGTH_SHORT).show();
            return true;
        case R.id.delete_note:
            return true;
        default:
            return super.onContextItemSelected(item);
    }
}
```

使用 getItemId()方法查询所选菜单项的 ID。成功处理菜单项时，返回 true。如果不处理菜单项，则应将菜单项传递给父类实现。在 ListView 中，AdapterView.AdapterContextMenuInfo 对象可以获取当前被点击项目的位置信息。

本 章 小 结

本章主要讲解了 Android 界面中常用组件的使用方法，并通过示例对组件使用进行了演示。在讲解 ListView 组件时，较为详细地讲解了常见的数据适配器的使用。UI 组件是用户界面的基本组成部分，读者对常见组件的功能和用法需要熟练掌握。

习 题

一、选择题

如果将一个 TextView 的 android:layout_height 属性值设置为 wrap_content，那么该组件的展示效果为（   ）。

A. 该文本域的宽度将填充父容器的宽度
B. 该文本域的宽度仅占该控件的实际宽度
C. 该文本域的高度将填充父容器的宽度

D. 该文本域的高度仅占该控件的实际高度

二、简答题

简述 TextView 组件和 EditText 组件的区别。

三、编程题

编写 Android 程序，利用 ArrayAdapter 数组适配器实现图 7.15 的效果（注意：列表项布局使用 android.R.layout.simple_list_item_1）。

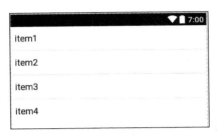

图 7.15　利用 ArrayAdapter 数组适配器实现的效果

activity_main.xml 代码如下。

```
<?xml version="1.0" encoding="utf_8"?>
<RelativeLayout xmlns:android="http://schemas.android.com/apk/res/android"
    android:layout_width="match_parent"
    android:layout_height="match_parent">

    （1）        请补全代码

</RelativeLayout>
```

MainActivity 代码如下。

```
public class MainActivity extends AppCompatActivity {
    //声明
    （2）        请补全代码
    @Override
    protected void onCreate(Bundle savedInstanceState) {
        super.onCreate(savedInstanceState);
        （3）        请补全代码

    }
}
```

第 8 章　Android UI 布局

学习目标
- 掌握线性布局方法
- 掌握相对布局方法
- 掌握帧布局方法
- 熟悉表格布局方法
- 了解绝对布局方法

布局用于定义应用中的界面结构（如 Activity 的界面结构）。布局中的所有元素均可使用 ViewGroup 和 View 对象的层次结构进行构建，如图 7.1 所示。ViewGroup 是不可见容器，用于定义 View 和其他 ViewGroup 对象的布局结构，View 通常绘制用户可见并进行交互的内容。本章讲述的布局都是 ViewGroup 的子类。

8.1　布局简介

8.1.1　声明布局的方式

（1）在 XML 文件中声明界面元素。Android 提供对应 View 类及其子类的 XML 元素，如用于组件和布局的 XML 元素 TextView 和 LinearLayout 等。用户可以使用 Android Studio 的 Layout Editor 工具，采用拖放界面的方式来构建 XML 布局。

（2）在运行时实例化布局元素。应用可通过编程方式创建 View 对象和 ViewGroup 对象（并操纵其属性）。

通过在 XML 中声明界面元素，用户可以将应用外观代码与控制其行为的代码分开。使用 XML 文件还有助于为不同屏幕尺寸和屏幕方向提供不同布局。

8.1.2　编写 XML

用户使用 Android 的 XML 元素，并按照在 HTML 中创建包含一系列嵌套元素的网页的方式可以快速设计 UI 布局及其包含的界面元素。

每个布局文件都必须只包含一个根元素，并且该元素必须是 View 对象或 ViewGroup 对象。定义根元素之后，在根元素中以子元素的形式添加其他布局对象，从而逐步构建定义布局的视图层次结构。例如，以下 XML 布局使用垂直 LinearLayout 来存储 TextView 和 Button。

```xml
<?xml version="1.0" encoding="utf_8"?>
<LinearLayout xmlns:android="http://schemas.android.com/apk/res/android"
        android:layout_width="match_parent"
        android:layout_height="match_parent"
        android:orientation="vertical" >
    <TextView android:id="@+id/text"
        android:layout_width="wrap_content"
        android:layout_height="wrap_content"
        android:text="Hello, I am a TextView" />
    <Button android:id="@+id/button"
        android:layout_width="wrap_content"
        android:layout_height="wrap_content"
        android:text="Hello, I am a Button" />
</LinearLayout>
```

在 XML 中声明布局后,将.xml 文件保存在 Android 项目的 res/layout/目录中,以便该文件能正确编译。

8.1.3 加载 XML 资源

当编译 Android 应用时,系统会将每个 XML 布局文件编译成 View 资源。一般在 Activity.onCreate() 回调方法中加载应用的布局资源。通过调用 setContentView()函数,并以 R.layout.layout_file_name 形式向应用代码传递布局资源的引用。例如,将 XML 布局保存为 main_layout.xml,则应通过如下方式为 Activity 加载布局资源。

```
public void onCreate(Bundle savedInstanceState) {
    super.onCreate(savedInstanceState);
    setContentView(R.layout.main_layout);
}
```

8.1.4 属性

每个 View 对象和 ViewGroup 对象均支持自己的各种 XML 属性。某些属性是所有 View 对象的共有属性,因为它们继承自 View 类(如 id 属性);某些属性是 View 对象的特有属性(如 TextView 支持 textSize 属性)。此外,一些属性称为"布局参数",即描述 View 对象特定布局位置的属性,其属性值由该对象的父容器 ViewGroup 对象定义。

1. 布局参数

layout_something 的 XML 布局属性是由 ViewGroup 类定义的,它用于定位其包含的 View 元素的布局参数。

每个 ViewGroup 类都会实现一个继承自 ViewGroup.LayoutParams 的内部类。此类包含的属性会根据需要为 ViewGroup 包含的每个 View 定义尺寸和位置。如图 8.1 所示,父视图组为每个子视图(包括子 ViewGroup)定义布局参数。

每个 LayoutParams 的子类都有自己的值设置语法。每个子元素都必须定义适合其父元素的 LayoutParams,但父元素也可为其子元素定义不同的 LayoutParams。所有 ViewGroup 的 LayoutParams 均包含宽度(layout_width)和高度(layout_height),并且 ViewGroup 包含的每个 View 都必须定义宽度和高度。许多 LayoutParams 还包括可选的外边距和边框。宽度和高度可以指定确切尺寸,但更常见的情况是使用以下某种常量来设置宽度或高度。

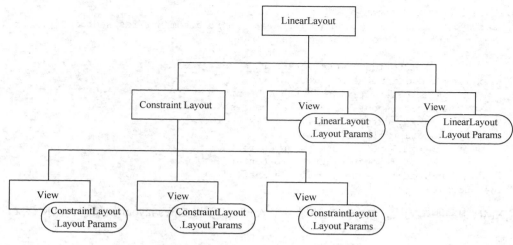

图 8.1　父视图组为每个子视图定义布局参数

（1）wrap_content，指示 View 将其大小调整为内容所需的尺寸。

（2）match_parent，指示 View 尽可能采用其父视图组所允许的最大尺寸。

一般而言，不建议使用绝对单位（如像素）来指定布局宽度和高度。更好的方法是使用相对测量单位（如与密度无关的像素单位 dp、wrap_content 或 match_parent），因为其有助于确保应用在各类尺寸的设备屏幕上正确显示。

2．布局位置

View 的几何形状是矩形。视图拥有一个位置（以左上角坐标表示）和两个尺寸（以宽度和高度表示）。位置和尺寸的单位是像素。

可以通过调用 getLeft()函数和 getTop()函数来获取 View 的位置。它们返回 View 左上角的位置，值是 View 在其父容器中的相对位置。例如，getLeft()函数返回 20，则表示 View 位于其父容器左边缘向右 20 像素处。

此外，系统还提供了几种便捷方法来避免不必要的计算，即 getRight()函数和 getBottom()函数。这些方法会返回表示视图的矩形的右边缘和下边缘的坐标。例如，调用 getRight()进行以下计算：getLeft()+getWidth()。

3．尺寸、内边距和外边距

View 的尺寸通过宽度和高度表示。实际上，View 拥有两对宽度和高度值。

第一对称为测量宽度（Measured Width）和测量高度（Measured Height）。这些尺寸定义 View 在其父容器内具有的大小。可通过调用 getMeasuredWidth()函数和 getMeasuredHeight()函数来获得这些测量尺寸。

第二对称为绘制宽度（Drawing Width）和绘制高度（Drawing Height），简称宽度和高度。这些尺寸定义了在绘制 View 时它在屏幕上的实际尺寸。这些值可以（但不必）与测量宽度和测量高度不同。通过调用 getWidth()函数和 getHeight()函数来获得宽度和高度。

内边距以视图左侧、顶部、右侧和底部各部分的像素数表示。内边距可用于以特定数量的像素弥补 View 内容。如图 8.2 所示，内边距是整个对象内部的深灰色区域。例如，若左侧内边距为 2，则会将视图内容从左边缘向右移 2 像素。还可以使用 setPadding(int,int,int,int)方法设置内边距，并通过调用 getPaddingLeft()函数、getPaddingTop()函数、getPaddingRight()函数和 getPaddingBottom()函数查询内边距。尽管 View 可以定义内边距，但它并不提供对外边距的任何支持。ViewGroup 可以提供此类支持。

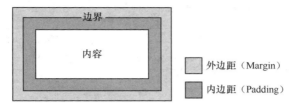

图 8.2　内边距与外边距示例

外边距是边框之外，边框与其他元素之间的空间。外边距是整个对象外部的灰色区域。注意，与内边距一样，外边距完全围绕内容（顶部、底部、右侧和左侧都有外边距）。

8.2　线性布局

线性布局（LinearLayout）是一个 ViewGroup，用于使所有子元素在单个方向（垂直或水平）进行排列，如图 8.3 所示。用户可使用 android:orientation 属性指定布局方向。

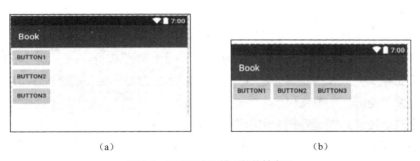

图 8.3　垂直和水平排列的线性布局

线性布局的所有子元素依次排列，因此无论子元素有多宽，垂直列表每行均只有一个子元素，水平列表将只有一行高（高度为最高子元素的高度加上内边距）。线性布局会考虑子视图之间的边距（Margins）以及每个子视图的对齐（Gravity）方式（右对齐、居中对齐或左对齐）。

8.2.1　主要属性

LinearLayout 元素的主要属性如表 8.1 所示。

表 8.1　LinearLayout 元素的主要属性

属性	说明
android:orientation	指定排列方向，使用"horizontal"表示行、"vertical"表示列。默认为 horizontal
android:weightSum	定义最大权重总和。如果未指定，则通过添加所有子项的 layout_weight 来计算总和。例如，通过给予单个子节点的 layout_weight 为 0.5 并将 weightSum 设置为 1.0，可以使单个子节点占总可用空间的 50%。可以是浮点值，如"1.2"

LinearLayout 子元素的主要属性如表 8.2 所示。

表 8.2 LinearLayout 子元素的主要属性

属性	说明
android:layout_weight	子元素的权重值，可以为浮点值
android:layout_gravity	指定当前子元素如何在布局中定位，默认值为 top，可赋值的常量有 left、right、top、bottom 和 center 等，多个值之间使用"|"分隔

8.2.2 布局权重

LinearLayout 支持使用 android:layout_weight 属性为各个子视图分配权重。根据子视图应在屏幕上占据的空间大小，向它们分配权重值。子视图指定权重值后，系统会按照子视图所声明的权重值比例，为其分配视图组中的剩余空间。默认权重为零。

1. 均等分布

如要创建线性布局时，让每个子视图使用大小相同的屏幕空间，需要将每个视图的 android:layout_height 设置为"0dp"（针对垂直布局），或将每个视图的 android:layout_width 设置为"0dp"（针对水平布局）。然后，将每个视图的 android:layout_weight 设置为"1"。

2. 不等分布

线性布局可以让子元素使用大小不同的屏幕空间。

（1）假设有三个按键，其中两个声明权重为 1，另一个未赋予权重。一方面，没有权重的第三个按键长度将不会扩展，并且仅占据其内容所需的区域；另一方面，另外两个按键将以同等幅度进行扩展，填充满剩余的空间，如图 8.4 所示。

（2）假设有三个按键，其中两个按键声明权重为 1，而为第三个按键赋予权重 2（而非 0）。现在声明第三个按键比另外两个按键更为重要，因为该按键将获得总剩余空间的一半，而其他两个按键均享余下的空间，如图 8.5 所示。

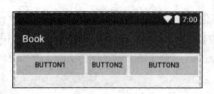

图 8.4 不等分布示例 1

图 8.5 不等分布示例 2

8.2.3 示例

以下代码段显示布局权重如何在 Activity 中发挥作用。to 字段、subject 字段和 SEND 按键均仅占用各自所需的高度。此配置允许 message 自身占用 Activity 的剩余高度。线性布局示例如图 8.6 所示。代码如下所示。

```
<?xml version="1.0" encoding="utf_8"?>
<LinearLayout xmlns:android="http://schemas.android.com/apk/res/android"
```

```
    android:layout_width="match_parent"
    android:layout_height="match_parent"
    android:paddingLeft="16dp"
    android:paddingRight="16dp"
    android:orientation="vertical" >
    <EditText
        android:layout_width="match_parent"
        android:layout_height="wrap_content"
        android:hint="to" />
    <EditText
        android:layout_width="match_parent"
        android:layout_height="wrap_content"
        android:hint="subject" />
    <EditText
        android:layout_width="match_parent"
        android:layout_height="0dp"
        android:layout_weight="1"
        android:gravity="top"
        android:hint="message" />
    <Button
        android:layout_width="100dp"
        android:layout_height="wrap_content"
        android:layout_gravity="right"
        android:text="SEND" />
</LinearLayout>
```

图 8.6　线性布局示例

8.3　相对布局

相对布局（RelativeLayout）是一个 ViewGroup，用于显示相对位置的子视图。

相对布局

每个子视图的位置可以由相对于同级元素（如在另一个视图的左侧或下方）或相对于父级 RelativeLayout 区域的位置（如与底部、左侧或中间对齐）来确定。

RelativeLayout 功能较为强大，因为它可以消除嵌套 ViewGroup 并保持布局层次结构平整，从而提高性能。如果用户发现自己使用了多个嵌套的 LinearLayout，则可以使用单个 RelativeLayout 替换它们。

8.3.1 主要属性

RelativeLayout 允许子视图由 ID 指定其相对于父视图或其他子视图的位置。例如，可以按右边框对齐两个元素，也可以在屏幕下侧水平方向居中，还可以在屏幕左侧垂直方向居中，还可以使一个元素位于另一个元素之下等。默认情况下，所有子视图都绘制在布局的左上角，因此必须使用 RelativeLayout.LayoutParams 中可用的各种布局属性来定义每个视图的位置。

RelativeLayout 子元素的主要属性如表 8.3 所示。

表 8.3 RelativeLayout 子元素的主要属性

属性	说明
android:layout_alignParentTop	如果为 true，则使此视图的上边缘与 ViewGroup 的上边缘对齐
android:layout_alignParentBottom	如果为 true，则使此视图的下边缘与 ViewGroup 的下边缘对齐
android:layout_alignParentLeft	如果为 true，则使此视图的左边缘与 ViewGroup 的左边缘对齐
android:layout_alignParentRight	如果为 true，则使此视图的右边缘与 ViewGroup 的右边缘对齐
android:layout_centerVertical	如果为 true，则将此子视图垂直居中于其 ViewGroup 中
android:layout_centerHorizontal	如果为 true，则将此子视图水平居中于其 ViewGroup 中
android:layout_centerInParent	如果为 true，则将此子视图垂直和水平居中于其 ViewGroup 中
android:layout_below	将此视图的上边缘定位在使用资源 ID 指定的视图下方
android:layout_above	将此视图的上边缘定位在使用资源 ID 指定的视图上方
android:layout_toRightOf	将此视图的左边缘定位到使用资源 ID 指定的视图的右侧
android:layout_toLeftOf	将此视图的右边缘定位到使用资源 ID 指定的视图的左侧
android:layout_alignLeft	如果为 true，则使此视图的左边缘与使用资源 ID 指定的视图的左边缘对齐
android:layout_alignRight	如果为 true，则使此视图的右边缘与使用资源 ID 指定的视图的右边缘对齐
android:layout_alignTop	如果为 true，则使此视图的上边缘与使用资源 ID 指定的视图的上边缘对齐
android:layout_alignBottom	如果为 true，则使此视图的下边缘与使用资源 ID 指定的视图的下边缘对齐

表 8.3 中，RelativeLayout 属性的值可以是一个布尔值（如相对于父 RelativeLayout 的布局位置），也可以是一个 ID（该 ID 引用该布局中应针对其放置视图的另一个视图）。

8.3.2 示例

在 XML 布局中，可以按任何顺序声明对布局中其他视图的依赖关系。例如，即使 "view2" 是层次结构中声明的最后一个视图，也可以声明 "view1" 位于 "view2" 下方。RelativeLayout 示例如图 8.7 所示。

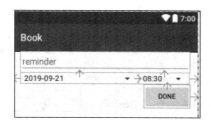

图 8.7　RelativeLayout 示例

布局文件的代码如下所示。

```xml
<?xml version="1.0" encoding="utf_8"?>
<RelativeLayout xmlns:android="http://schemas.android.com/apk/res/android"
    android:layout_width="match_parent"
    android:layout_height="match_parent"
    android:paddingLeft="16dp"
    android:paddingRight="16dp" >
    <EditText
        android:id="@+id/name"
        android:layout_width="match_parent"
        android:layout_height="wrap_content"
        android:hint="reminder" />
    <Spinner
        android:id="@+id/dates"
        android:layout_width="0dp"
        android:layout_height="wrap_content"
        android:layout_below="@id/name"
        android:layout_alignParentLeft="true"
        android:entries="@array/dateItem"
        android:layout_toLeftOf="@+id/times" />
    <Button
        android:layout_width="96dp"
        android:layout_height="wrap_content"
        android:layout_below="@id/times"
        android:layout_alignParentRight="true"
        android:text="DONE" />
    <Spinner
        android:id="@id/times"
        android:layout_width="106dp"
        android:layout_height="wrap_content"
        android:entries="@array/timeItem"
        android:layout_below="@id/name"
        android:layout_alignParentRight="true" />
</RelativeLayout>
```

8.4　帧布局

帧布局

帧布局（FrameLayout）用于遮挡屏幕上的某个区域，以显示单个项目。通常使用 FrameLayout 显示单个子视图，因为在不同屏幕尺寸的设备上可能会出现多个子视图彼此重叠的情况。不过，可以使用 android:layout_gravity 属性控制它们在 FrameLayout 中的位置。子视图以栈的形式绘制，最近添加的子视图位于顶部。FrameLayout 示例如图 8.8 所示。

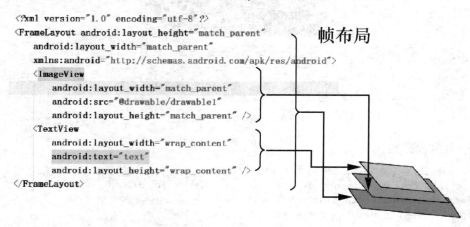

图 8.8　FrameLayout 示例

8.4.1　主要属性

FrameLayout 元素的主要属性如表 8.4 所示。

表 8.4　FrameLayout 元素的主要属性

属性	说明
android:foreground	绘制内容的前景，可以是颜色值（如 "#rgb"），也可以是对图像资源的引用
android:foregroundGravity	应用于前景可绘制对象的对齐方式。对齐方式默认为填充（Fill），可能的值有 top、center_vertical、fill_vertical、center_horizontal、fill_horizontal、center、fill、clip_vertical、clip_horizontal、bottom、left、right
android:measureAllChildren	在测量时是否包含 Gone 状态的子项，默认值为 False（仅包含 Visible 和 Invisible 状态的子项）

FrameLayout 子元素的主要属性如表 8.5 所示。

表 8.5　FrameLayout 子元素的主要属性

属性	说明
android:visibility	确定视图可见（Visible）、不可见（Invisible）或消失（Gone）
android:layout_gravity	指定当前子元素在布局中如何定位，可赋值的常量有 left、right、top、bottom 和 center 等，多个值之间使用 "|" 分隔。默认值为 top

8.4.2　示例

使用 layout_gravity 属性控制子项定位的帧布局如图 8.9 所示。本示例将 textview 放在 FrameLayout 中的不同位置。

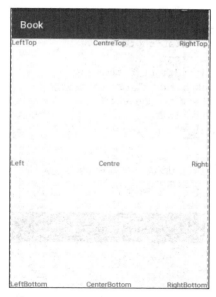

图 8.9 使用 layout_gravity 属性控制子项定位的帧布局

布局代码如下。

```
<?xml version="1.0" encoding="utf_8"?>

<FrameLayout xmlns:android="http://schemas.android.com/apk/res/android"
    android:layout_height="match_parent"
    android:layout_width="match_parent"
    >
    <TextView android:text="LeftTop"
        android:layout_width="wrap_content"
        android:layout_height="wrap_content" />
    <TextView android:layout_height="wrap_content"
        android:layout_width="wrap_content"
        android:text="RightTop"
        android:layout_gravity="top|right" />
    <TextView android:layout_height="wrap_content"
        android:layout_width="wrap_content"
        android:text="CentreTop"
        android:layout_gravity="top|center_horizontal" />
    <TextView android:text="Left"
        android:layout_gravity="left|center_vertical"
        android:layout_width="wrap_content"
        android:layout_height="wrap_content" />
    <TextView android:layout_height="wrap_content"
        android:layout_width="wrap_content"
        android:text="Right"
        android:layout_gravity="right|center_vertical" />
    <TextView android:layout_height="wrap_content"
        android:layout_width="wrap_content"
        android:text="Centre"
        android:layout_gravity="center" />
    <TextView android:text="LeftBottom"
        android:layout_gravity="left|bottom"
        android:layout_width="wrap_content"
```

```
        android:layout_height="wrap_content" />
    <TextView android:layout_height="wrap_content"
        android:layout_width="wrap_content"
        android:text="RightBottom"
        android:layout_gravity="right|bottom" />
    <TextView android:layout_height="wrap_content"
        android:layout_width="wrap_content"
        android:text="CenterBottom"
        android:layout_gravity="center|bottom" />
</FrameLayout>
```

因为 FrameLayout 的子视图以栈的形式进行绘制，最近添加的子视图位于顶部，这样会出现图像重叠的效果（见图 8.10），有时这正是设计所需的。代码如下所示。

图 8.10　使用 FrameLayout 实现图像重叠

```
<FrameLayout xmlns:android="http://schemas.android.com/apk/res/android"
    android:layout_width="fill_parent"
    android:layout_height="fill_parent">
    <ImageView
        android:src="@mipmap/ic_launcher"
        android:scaleType="fitCenter"
        android:layout_height="500px"
        android:layout_gravity="center"
        android:layout_width="500px"/>

    <TextView
        android:text="Frame Demo"
        android:textSize="30px"
        android:textStyle="bold"
        android:layout_height="fill_parent"
        android:layout_width="fill_parent"
        android:gravity="center"/>
</FrameLayout>
```

8.5　表格布局

表格布局（TableLayout）可以将其子项排列成行和列的布局。TableLayout 由许多 TableRow 对象组成，每个 TableRow 对象表示一行（也可以直接使用其他 View 组件表示一行）。TableLayout 不显示其行、列或单元格（Cell）的边界线。每行由零至多个单元格组成；每个单元格可以容纳一个 View 对象。TableLayout 的列数等于包含单元格最多的一行的单元格数目，如图 8.11 所示 TableLayout 的列数等于第 1 行的单元格数。表格可以将单元格留空。单元格可以跨列，就像在 HTML 中一样，如图 8.11 所示的第 2 行的第 1 列。

图 8.11　TableLayout 示例

列的宽度由该列中具有的最宽单元格确定。但是，TableLayout 可以通过调用 setColumnShrinkable()函数或 setColumnStretchable()函数将某些列指定为可收缩或可拉伸。如果标记为可收缩，则可以缩小列宽以使表格适合其父对象；如果标记为可拉伸，则其宽度可以扩展以适合额外的空间。该表的总宽度由其父容器定义。列可以同时设置为收缩和拉伸，在这种情况下，列将更改其大小以始终用尽可用空间，但绝不会再用更多。另外，可以通过调用 setColumnCollapsed()函数隐藏列。

TableLayout 的子项不能指定 layout_width 属性，宽度始终为 MATCH_PARENT。但 layout_height 属性可以由子项定义，默认值为 ViewGroup.LayoutParams.WRAP_CONTENT。如果子项是 TableRow，则高度始终为 ViewGroup.LayoutParams.WRAP_CONTENT。

单元格必须以递增的列顺序添加到行中。列号从 0 开始。如果没有为单元格指定列号，它将自动递增到下一个可用列。如果跳过某列号，此项将被视为该行中的空单元格。

尽管 TableLayout 的典型子项是 TableRow，但实际上也可以将任何 View 子类用作 TableLayout 的直接子项。视图将显示为跨越所有列的一行。

8.5.1　主要属性

TableLayout 元素的主要属性如表 8.6 所示。

表 8.6 TableLayout 元素的主要属性

属性	说明
android:stretchColumns	使用此属性来拉伸列以占用剩余的可用空间，分配给该属性的值可以是单个列号或以逗号分隔的列号列表（0，1，2，3，…，n）
android:shrinkColumns	使用此属性来收缩列以占用更少的空间，分配给该属性的值可以是单个列号或以逗号分隔的列号列表（0，1，2，3，…，n）
android:collapseColumns	使用此属性来隐藏列以占用更少的空间，分配给该属性的值可以是单个列号或以逗号分隔的列号列表（0，1，2，3，…，n）

8.5.2 示例

1. 表格拉伸

TableLayout 中使用了"android:stretchColumns"属性来更改列的默认宽度，使用此属性来拉伸列以占用剩余的可用空间。分配给该属性的值可以是单个列号或以逗号分隔的列号列表（0，1，2，3，…，n）。

如果值为 1，则第二列将被拉伸以占用该行中的剩余可用空间，因为列序号从 0 开始；如果值为"0,1"，则表的第一和第二列都将被拉伸以占用该行中的可用空间；如果值为"*"，则所有列都将拉伸以占用可用空间。以下代码实现了图 8.12 所示的表格拉伸效果。

图 8.12 表格拉伸效果

```
<?xml version="1.0" encoding="utf_8"?>

<TableLayout xmlns:android="http://schemas.android.com/apk/res/android"
    android:id="@+id/simpleTableLayout"
    android:layout_width="match_parent"
    android:layout_height="match_parent"
    android:stretchColumns="1"> <!.. stretch the second column of the layout..>
    <!.. first row of the table layout..>
    <TableRow
        android:id="@+id/firstRow"
        android:layout_width="fill_parent"
        android:layout_height="wrap_content">
        <!.. first element of the row..>
        <TextView
            android:layout_width="wrap_content"
            android:layout_height="wrap_content"
            android:background="#b0b0b0"
            android:padding="18dp"
```

```
        android:text="Text 1"
        android:textColor="#000"
        android:textSize="12dp" />
    <TextView
        android:layout_width="wrap_content"
        android:layout_height="wrap_content"
        android:background="#FF0000"
        android:padding="18dp"
        android:text="Text 2"
        android:textColor="#000"
        android:textSize="14dp" />
    </TableRow>
</TableLayout>
```

2. 登录窗口

本例是使用 TableLayout 实现登录窗口的示例，其中包含用户名和密码两个字段以及一个登录按钮，如图 8.13 所示。

图 8.13 使用 TableLayout 实现登录窗口

代码如下。

```
<?xml version="1.0" encoding="utf_8"?>
<TableLayout xmlns:android="http://schemas.android.com/apk/res/android"
    android:layout_width="match_parent"
    android:layout_height="match_parent"
    android:background="#000"
    android:orientation="vertical"
    android:stretchColumns="1">
    <TableRow android:padding="5dp">
        <TextView
            android:layout_height="wrap_content"
            android:layout_marginBottom="20dp"
            android:layout_span="2"
            android:gravity="center_horizontal"
            android:text="登录"
            android:textColor="#0ff"
            android:textSize="25sp"
            android:textStyle="bold" />
    </TableRow>
    <TableRow>
        <TextView
            android:layout_height="wrap_content"
            android:layout_column="0"
```

```xml
            android:layout_marginLeft="10dp"
            android:text="用户名"
            android:textColor="#fff"
            android:textSize="16sp" />

        <EditText
            android:id="@+id/userName"
            android:layout_height="wrap_content"
            android:layout_column="1"
            android:layout_marginLeft="10dp"
            android:background="#fff"
            android:padding="5dp"
            android:textColor="#000" />
    </TableRow>
    <TableRow>
        <TextView
            android:layout_height="wrap_content"
            android:layout_column="0"
            android:layout_marginLeft="10dp"
            android:layout_marginTop="20dp"
            android:text="密码"
            android:textColor="#fff"
            android:textSize="16sp" />
        <EditText
            android:id="@+id/password"
            android:layout_height="wrap_content"
            android:layout_column="1"
            android:layout_marginLeft="10dp"
            android:layout_marginTop="20dp"
            android:background="#fff"
            android:padding="5dp"
            android:textColor="#000" />
    </TableRow>
    <TableRow android:layout_marginTop="20dp">
        <Button
            android:id="@+id/loginBtn"
            android:layout_height="wrap_content"
            android:layout_gravity="center"
            android:layout_span="2"
            android:background="#0ff"
            android:text="登录"
            android:textColor="#000"
            android:textSize="20sp"
            android:textStyle="bold" />
    </TableRow>
</TableLayout>
```

8.6 绝对布局

绝对布局

绝对布局（AbsoluteLayout）可指定其子项的确切位置（x、y 坐标），如图 8.14 所示。与没有绝对定位的其他类型的布局相比，绝对布局的灵活性较差且难以维护。

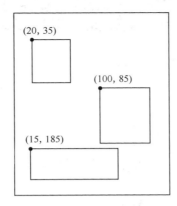

图 8.14 绝对布局示例

8.6.1 主要属性

AbsoluteLayout 元素主要属性如表 8.7 所示。

表 8.7 **AbsoluteLayout** 元素主要属性

属性	说明
android:layout_x	子项所在的 x 轴坐标
android:layout_y	子项所在的 y 轴坐标

8.6.2 示例

以下代码实现了图 8.15 所示的效果，代码如下所示。

```
<AbsoluteLayout xmlns:android="http://schemas.android.com/apk/res/android"
    android:layout_width="fill_parent"
    android:layout_height="fill_parent">
    <Button
        android:layout_width="100dp"
        android:layout_height="wrap_content"
        android:text="OK"
        android:layout_x="50px"
        android:layout_y="361px" />
    <Button
        android:layout_width="100dp"
        android:layout_height="wrap_content"
        android:text="Cancel"
        android:layout_x="225px"
        android:layout_y="361px" />
</AbsoluteLayout>
```

图 8.15　绝对布局效果

本章小结

本章主要介绍了 Android 常用的 5 种布局：线性布局、相对布局、帧布局、表格布局和绝对布局。在开发时，用户要根据界面的特点进行合理的选择。用户应掌握每种布局特有的属性，以便进行界面组件的位置定位。另外，布局作为一种界面组件的容器，读者需要理解布局的视图层次结构。

习　题

一、填空题

1. 通过（　　　）标签划分 TableLayout 中的行。
2. 通常使用（　　　）和（　　　）常量来设置宽度或高度。
3. 布局中的所有元素均使用（　　　）和（　　　）对象的层次结构进行构建。

二、简答题

简述 Android 开发过程中常用的 5 种布局的特点。

三、编程题

使用 RelativeLayout 实现图 8.16 所示的布局。

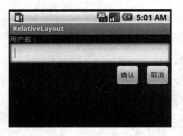

图 8.16　要求实现的布局

第 9 章 Android 基本组件

学习目标
- 了解 Activity 的生命周期
- 掌握 Activity 的添加方法
- 掌握 Intent 的功能及作用
- 熟悉 Intent 常用的属性及方法
- 掌握 Activity 之间的消息传递机制
- 了解 Android 权限控制策略
- 掌握 Service 的使用方法
- 掌握 Broadcast 的实现方法
- 掌握数据共享的使用方法

Android 应用有 4 个基本应用组件：活动（Activity）、广播接收器（BroadcastReceiver）、服务（Service）和内容提供者（ContentProvider）。本书前面的内容已经讲解过其中一个组件——Activity，下面进一步深入讲解 Activity 的使用，并详细讲解其他 3 个应用组件的操作。

9.1 Activity

直观上看，Activity 就是一个可以与用户进行交互的应用程序窗体界面以及与之对应的操作类。其中，界面是由一系列视图组件组成的，由 Activity 类决定调用哪个界面。一个应用程序一般由多个 Activity 组成。如果 Activity 之间需要进行跳转或数据交换，需要借助 Intent 组件。

9.1.1 Activity 生命周期

每个 Activity 都有自己的生命周期。Activity 从启动到终止可能经过的状态如图 9.1 所示。其主要状态有运行状态（Active）、暂停状态（Paused）、停止状态（Stopped）、终止状态（Dead）。Activity 类为 Activity 生命周期中各个状态变换提供了系列操作函数。

（1）当一个 Activity 启动时，系统首先调用 onCreate()方法，然后调用 onStart()方法，最后调用 onResume()方法并进入运行状态（Active），此时该 Activity 对应的页面在屏幕最前端。

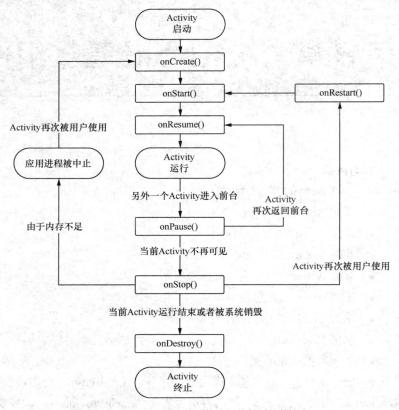

图 9.1　Activity 从启动到终止可能经过的状态

（2）当 Activity 被其他 Activity 覆盖或被锁屏时，系统会调用 onPause()方法，暂停当前 Activity 的执行，进入暂停状态（Paused）。

（3）当处于暂停状态（Paused）的 Activity 由被覆盖状态回到前台或解锁屏时，系统会调用 onResume()方法，再次进入运行状态（Active）。

（4）当 Activity 跳转到新的 Activity 界面或回到主屏时，系统会先调用 onPause()方法，然后调用 onStop()方法，系统进入停止状态（Stopped）。

（5）当处于停止状态（Stopped）的 Activity 被重新激活时，系统会先调用 onRestart()方法，然后调用 onStart()方法，最后调用 onResume()方法，再次进入运行状态（Active）。

（6）当系统内存不足时，有可能会中止处于暂停状态或者停止状态的 Activity。当用户想再次调用被中止的 Activity 时，需再次调用 onCreate()方法、onStart()方法、onResume()方法，进入运行状态（Active）。

（7）用户退出当前 Activity 时，系统先调用 onPause()方法，然后调用 onStop()方法，最后调用 onDestory()方法，结束当前 Activity，进入终止状态（Dead）。

9.1.2　向项目添加新的 Activity

1．一般步骤

在项目开发中，会经常建立新的 Activity，用于实现界面控制、传值等操作。Activity 的建立可以使用向导快速完成，一般步骤如下。

（1）设计用户界面，建立一个 Layout 窗体界面文件，如果用向导添加 Activity，系统会自动生成一个 Layout 窗体文件。

（2）建立一个新类，该类继承于 Activity 或 AppCompatActivity 类。实际 Activity 是 AppCompatActivity 类的基类，AppCompatActivity 类是为了兼容 Android 早期版本中的 fragment、ActionBar 等元素而封装的类。Android Studio 的 Activity 向导在生成类文件时默认继承 AppCompatActivity 类。

（3）在新建的类中重写父类 Activity 中的 onCreate()方法，并在 onCreate()方法中调用 setContentView()方法加载用户界面文件。

（4）在 AndroidManifest.xml 中声明并注册该 Activity。Activity 只有在 AndroidManifest.xml 中注册才能被系统访问。

2. 示例

下面通过向项目中添加一个 Activity，演示 Activity 生命周期中状态变换过程。具体操作步骤如下。

（1）单击当前项目，选择"new→Activity"，弹出图 9.2 所示的选择 Activity 模板界面。Android Studio 为程序设计者提供了很多模板，以便快速开发。根据需要选择合适的模板，这里选择"Empty Activity"模板，单击"Next"按钮进入下一步。在图 9.3 中填写 Activity 的名称"LifeCycleActivity"、对应 Layout 的名称"activity_life_cycle"及包名"cn.edu.dzu.lifecycle"，单击"Finish"按钮，完成新的 Activity 的添加。

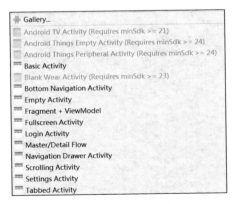

图 9.2　选择 Activity 模板界面

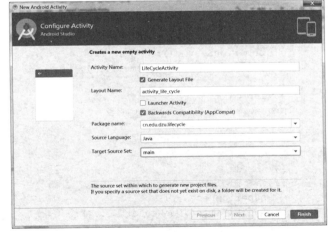

图 9.3　设置 Activity 基本信息

完成后在 res\layout 文件夹中将增加一个布局文件 activity_life_cycle.xml，在 java 文件夹下的类包中增加类文件 LifeCycleActivity.java。在 AndroidManifest.xml 中也可以看到系统自动添加了一条 Activity 注册信息。

```
<activity android:name=".LifeCycleActivity"></activity>
```

（2）修改 Layout 布局文件。打开 Layout 布局文件 activity_life_cycle.xml，添加一个 TextView 控件，XML 代码如下。

```xml
<TextView
    android:id="@+id/txtMessage"
    android:layout_width="wrap_content"
    android:layout_height="wrap_content"
    android:text="Activity生命周期演示"
    />
```

（3）修改 Activity 类。如果要实现 Activity 生命周期的演示，需要在 LifeCycleActivity 类中重写 Activity 父类中的对应方法，可以手动输入，也可以在 LifeCycleActivity 类所在窗口用"Ctrl+O"组合键或选择菜单"code→Override Methods"快速打开可以重写的方法列表。下面通过 Log 日志输出生命周期各个状态的变化，代码如下。

```java
import android.app.Activity;
import android.os.Bundle;
import android.util.Log;
public class LifeCycleActivity extends Activity {

    @Override
    protected void onCreate(Bundle savedInstanceState) {
        super.onCreate(savedInstanceState);
        setContentView(R.layout.activity_life_cycle);
        Log.i("life","onCreate....");
    }
    @Override
    protected void onStart() {
        super.onStart();
        Log.i("life","onStart....");
    }
    @Override
    protected void onResume() {
        super.onResume();
        Log.i("life","onResume....");
    }
    @Override
    protected void onPause() {
        super.onPause();
        Log.i("life","onPause....");
    }
    @Override
    protected void onRestart() {
        super.onRestart();
        Log.i("life","onRestart....");
    }
    @Override
    protected void onStop() {
        super.onStop();
        Log.i("life","onStop....");
    }
    @Override
    protected void onDestroy() {
        super.onDestroy();
        Log.i("life","onDestroy....");
    }
}
```

至此，一个新的 Activity 已经建好，但是现在还不能启动该界面，如果要在主界面中启动该界面，需要使用 Intent 组件。

9.2 Intent

Intent

Intent（意图）组件常用于协助应用程序之间或应用程序内部的交互与通信，告诉系统要去做什么。Android 的基本应用组件活动、服务和广播接收器都是采用 Intent 进行信息交互的。

9.2.1 Intent 简介

根据 Intent 是否直接指定要执行的组件，Intent 可以分为显式 Intent 和隐式 Intent。

1. 显式 Intent

显式 Intent 是指在定义 Intent 对象时，明确给出要执行的组件（Component）的类名及包名，如 Activity 或服务的类名及包名。一般在同一个应用程序的内部不同组件类间使用。其语法格式如下。

```
Intent(Context packageContext, Class<?> cls)
```

其中，packageContext 是指当前类的上下文环境，一般用当前类名.this 形式使用，cls 是指要调用的类，一般用被调用类名.class 形式使用。如在 MainActivity 中调用 LifeCycleActivity，语法格式如下。

```
Intent intent=new Intent(MainActivity.this, LifeCycleActivity.class);
startActivity(intent);
```

上面代码中的 startActivity() 函数是 Activity 类中定义的用于显式调用 Activity 的方法。其语法格式如下。

```
public void startActivity (Intent intent)
```

2. 隐式 Intent

在隐式 Intent 中，Intent 没有明确指定具体目标组件名称，但是一般会在 Intent 中设置处理目标应该具有的一些属性（如 Action、Uri 信息等），由 Android 系统帮助应用程序寻找与 Intent 请求最匹配的组件。具体的选择方法是：一般 Android 的三个基本组件 Activity、Service 和 BroadcastReceiver 中都设置有 Intent Filter，当 Android 系统接收隐式 Intent 请求时，会比较 Intent 的请求内容和 Intent Filter（Intent Filter 中包含系统中所有可能的待选组件）。如果 Intent Filter 中某一组件匹配隐式 Intent 请求的内容，那么 Android 就选择该组件作为该隐式 Intent 的目标组件；如果有多个组件匹配 Intent 请求，系统将弹出一个对话框，让用户选择要启动的组件。

隐式 Intent 声明的构造函数如下。

（1）Intent(String action)。

（2）Intent(String action, Uri uri)。

（3）Intent()。

9.2.2 Intent 常用属性

Intent 常用属性主要有组件（Component）、动作（Action）、动作的类别（Category）、数据（Data）、

数据 MIME 类型（Type）以及附加信息（Extra）等。一个 Intent 信息可能包含一个或几个属性。显式 Intent 最常调用的是 Component 属性，隐式 Intent 最常调用的是 Data 和 Action 属性。

1. 组件

Intent 的组件（Component）属性用于指定 Intent 的目标组件的类名称，主要进行显式 Intent 调用。Intent 可以启动一个活动（Activity），也可以启动一个服务（Service），还可以发起一个广播（Broadcast），具体应用将在后面讲解。

2. 数据

数据（Data）属性用于指定要处理的数据。这里的数据一般以 Uri 的形式出现。Uri 数据的结构如下。

```
<scheme>://<host>:<port>/[<path>|<pathPrefix>|<pathPattern>]
```

例如，http://211.64.32.133:8088/student/index.jsp 这个 Uri 各部分结构如下。

（1）http：用于指定数据的模式或所属类别，即 scheme 部分。

（2）211.64.32.133：主机名或 IP，即 host 部分。

（3）8088：主机端口，即 port 部分。

（4）student/index.jsp：访问数据的有效路径，即 path 部分。

常见数据 scheme 格式如表 9.1 所示。

表 9.1　常见数据 scheme 格式

数据 scheme 格式	含义
tel://	号码数据格式，后跟电话号码
smsto://	短信数据格式，后跟短信接收号码
content://	内容数据格式，后跟需要读取的内容
file://	文件数据格式，后跟文件路径
http://	网址数据格式，后跟要浏览的网址

有时需要使用 Intent 设置组件启动时需要访问的数据，常用函数为 setData(Uri data)。

对于隐式 Intent 来说，系统会根据数据信息来进行 Intent 过滤。例如，访问德州学院首页的数据如下。

```
intent.setData(Uri.parse("http://www.dzu.edu.cn"));
```

3. 动作

动作（Action）属性用于指定 Intent 要完成的动作，是一个字符串常量，用于系统匹配要调用的组件。该字符串是开发者在开发组件时，在过滤器中注册用于标识组件的常量，如"dzu.edu.cn.QUERY"（用来代表查询动作）。在 Intent 中设置 Action 的方法如下。

```
setAction(String action)
```

调用查询功能的 Action 设置如下。

```
intent.setAction("dzu.edu.cn.QUERY");
```

在 SDK 中定义了一些标准的 Action 常量。常用 Action 常量如表 9.2 所示。

表 9.2 常用 Action 常量

Action 常量	作用
ACTION_MAIN	代表程序的入口，一个应用程序中只能有一个 Activity 可以设置为 ACTION_MAIN
ACTION_CALL	呼叫指定的电话号码
ACTION_DIAL	调用拨号面板
ACTION_SENDTO	发送短信
ACTION_VIEW	显示用户的数据，根据用户的数据类型打开相应的 Activity
ACTION_EDIT	编辑给定数据，根据用户的数据类型打开相应的 Activity

一般 Action 和 Data 配合使用，常见 Action/Data 组合如表 9.3 所示。

表 9.3 常见 Action/Data 组合

Action 常量	Data	作用
ACTION_VIEW	content://contacts/people/1	显示手机电话簿中 id 为 1 的联系人
ACTION_VIEW	tel:10086	调用拨号面板并显示 10086 电话号码
ACTION_VIEW	http://www.dzu.edu.cn	调用浏览器并访问指定的网址
ACTION_DIAL	content://contacts/people/1	调用拨号面板并显示 id 为 1 的联系人
ACTION_CALL	tel:10086	调用拨号面板并拨打 10086 电话号码
ACTION_EDIT	content://contacts/people/1	编辑手机电话簿中 id 为 1 的联系人
ACTION_SENDTO	smsto:10086	显示短信面板，接收人为 10086

ACTION_VIEW 属于通用性 Action，同样的 Action 会根据数据类型的不同打开不同的 Activity。隐式 Intent 一般不指定组件的具体类信息，由系统根据 Action 和 Data 来判断要执行的组件。下面以设置拨打电话功能为例来讲解其常用操作方法（拨打电话、发送短信、浏览网站等需要添加用户许可，具体操作在下面讲解）。

① 创建一个 Intent 对象，例如：

```
Intent intent=new Intent();
```

② 将数据转换为 Uri 对象，例如：

```
Uri uri = Uri.parse("tel:10086");
```

③ 为对象设置相应的 Action，例如：

```
intent.setAction(Intent.ACTION_DIAL);
```

④ 为对象设置 Data，例如：

```
intent.setData(uri);
```

⑤ 启动 Activity，例如：

```
startActivity(intent);
```

下面给出两个 Action/Data 组合示例。

（1）发送短信。

```
Intent intent=new Intent();
```

```
Uri uri = Uri.parse("smsto:10086");
intent.setAction(Intent.ACTION_SENDTO);
intent.setData(uri);
intent.putExtra("sms_body", "信息内容…"); //添加短信信息
startActivity(intent);
```

（2）浏览网站。

```
Intent intent=new Intent();
intent.setAction(Intent.ACTION_VIEW);
Uri uri = Uri.parse("http://www.dzu.edu.cn");//打开浏览器
intent.setData(uri);
startActivity(intent);
```

4. 类别

类别（Category）属性用于对要执行的 Action 进行附加描述。它也是一个字符串常量，用于系统匹配要调用的组件。Intent 类添加 Category 过滤的方法如下。

```
addCategory(String category)
```

例如，调用工资组件时进行 Category 设置的代码如下。

```
intent.addCategory("dzu.edu.cn.WAGE");
```

SDK 定义了一些标准 Category。常用 Category 常量如表 9.4 所示。

表 9.4　常用 Category 常量

Category 常量	含义
CATEGORY_DEFAULT	Android 系统中默认的 Category，当隐式 Intent 没有设置 Category 时，其默认为 CATEGORY_DEFAULT
CATEGORY_HOME	设置该 Activity 随系统启动而运行，一般与 ACTION_MAIN 配合使用
CATEGORY_PREFERENCE	该 Activity 是参数面板
CATEGORY_LAUNCHER	决定安装的程序是否显示在程序列表里，一般与 ACTION_MAIN 配合使用
CATEGORY_BROWSABLE	该组件可以使用浏览器启动

5. 数据 MIME 类型

数据 MIME 类型（Type）属性主要用于设置当前 Active 能够处理的文件类型。Type 一般以 [type]/[subtype] 的形式出现，用户根据需要也可以定义自己的数据类型。Intent 类中用于设置处理 Type 的方法如下。

```
setType(String type)
```

如果设置用于过滤图片操作的组件，可以用下面的代码。

```
intent.setType("image/*");
```

如果在 Intent 中需同时设置 Data 和 Type 属性，可以使用 setDataAndType(Uri data, String type) 函数。

常见的 Type 如表 9.5 所示。可以对 Type 进一步进行描述，指定其详细形式，如 text/plain（纯文本）、text/html（HTML 文档）、image/gif（GIF 图像）等。

表 9.5 常见的 Type

Type	含义
Text	表示要处理的数据属于文本类型
Multipart	表示要处理的数据由多个部分构成，这些部分可以是不同类型的数据
Application	表示要处理的数据是应用程序数据或二进制数据
Message	表示要处理的数据是一个 E-mail 消息
Image	表示要处理的数据是静态图片类型
Audio	表示要处理的数据是音频数据类型
Video	表示要处理的数据是视频数据类型

6. 附加信息

附加信息（Extras）属性一般以键值对的形式出现。使用 Extras 可以为组件提供扩展信息。例如，如果要执行"发送电子邮件"这个动作，可以将电子邮件的标题、正文等保存在 Extras 里，附加到邮件发送组件。另外，Extras 也可以作为组件之间传值的接口。在 Intent 类提供了一系列附加信息操作的函数。

（1）以 Bundle 形式附加数据

`putExtras(Bundle extras)`

该方法用于在不同组件间进行数据传值，数据先存放到 Bundle 对象中，然后将 Bundle 对象再附加到 Intent 对象中。

（2）以键值对形式附加数据

`putExtra(String key, String value)`

该方法主要用于以键值对的形式向 Intent 中附加数据，其中，value 取值类型可以是基本数据类型及其数组（char、int、short、long、boolean、double、float、byte）、String 及其数组、Parcelable 及其数组、Serializable、Bundle、CharSequence 等，例如：

`intent.putExtra("sex","男");`

（3）根据键名获取键值

`getXXXExtra(String name)`

该函数对应 putExtra()函数操作，用于通过键名形式获得 Intent 中的附加信息，XXX 代表数据类型，根据当时 putExtra()函数向 Intent 添加信息时第二个参数的数据类型来确定 XXX 代表的类型名称，例如：

`String sex=intent.getStringExtra("sex");`

（4）判断对应键名的键值信息是否存在

`Boolean hasExtra(String name)`

该方法主要用于判断 Intent 中是否含有 name 键名的附加信息，如果有，返回 true，否则返回 false。

（5）从 Intent 中获取 Bundle 对象

`Bundle getExtras()`

在 Intent 中检索 Bundle 对象，如果存在，则返回相应的 Bundle 对象，否则返回 null。

9.3 Intent 消息传递

Intent 消息传递

Intent 可以实现组件间的消息传递。Intent 消息传递分为单向消息传递和获取返回值的消息传递。

9.3.1 单向消息传递

通过 Extra 属性向 Intent 中添加附加信息，可以用于不同组件间的消息传递。如果只是向目标组件传递消息，并不获取返回值，这种消息传递就称为单向消息传递。单向消息传递的基本步骤如下。

① 建立一个 Intent 对象。
② 向 Intent 对象中直接或间接附加数据。
③ 在目标组件中获得 Intent 对象。
④ 在 Intent 对象中直接根据键名取出数据；或者先获得 Bundle 对象，然后在 Bundle 对象中获取数据。

Intent 的附加信息以"键/值"映射方式存在，向 Intent 附加信息的方式主要有以下两种。

（1）直接向 Intent 附加信息。用 putExtra(键名,键值)方法向 Intent 中直接添加信息，目标组件通过 getXXXExtra(键名)方法获取附加信息。这种方式操作简单，主要用于传递信息较少的情况。

（2）使用 Bundle 对象间接向 Intent 附加信息。先调用 Bundle 对象的 putXXX(键名,键值)方法将附加信息以键值对形式封装在 Bundle 对象中，然后使用 putExtras(Bundle extras)方法将数据添加到 Intent 中；在目标组件中先调用 getExtras()方法获得 Bundle 对象，然后使用 Bundle 对象的 getXXX(键名)方法获取附加信息。

9.3.2 获取返回值的消息传递

获取返回值的消息传递是指在启动新的 Activity 后，还需要获得从新 Activity 中返回的值。如果要实现该功能，在启动新的 Activity 时需调用 Activity 类的 startActivityForResult(Intent intent, int requestCode)方法，并且在当前 Activity 类中实现 onActivityResult(int requestCode, int resultCode, Intent data)方法（用于处理返回的数据），在新启动的 Activity 中通过调用 setResult(int resultCode, Intent data)方法设置返回值。

下面介绍上面提到的几个函数。

（1）启动 Activity 并获取返回值函数

startActivityForResult (Intent intent, int requestCode)

① intent，要启动的 Intent 对象。
② requestCode，请求代码。在一个 Activity 中可能有多个返回值的消息传递，该值用于标识不同的请求，以便在返回值处理方法 onActivityResult()中进行请求识别。

（2）处理被调用 Activity 返回值的函数

onActivityResult(int requestCode, int resultCode,Intent data)

① requestCode，对应 startActivityForResult()方法中的 requestCode。
② resultCode，对应启动的新的 Activity 中设置的返回代码。
③ data，在启动的新的 Activity 中设置的 Intent 对象。
（3）被调用 Activity 中设置返回值函数

`setResult(int resultCode, Intent data)`

① resultCode，设置返回结果代码，被启动的 Activity 可能会根据实际情况返回多个类型的结果，可以用 resultCode 来指定对请求的响应类型。
② data，将要返回到调用 Activity 中的数据放在该 Intent 对象中。

9.3.3 Intent 消息传递实例

下面通过一个综合实例来演示 Intent 中 Bundle 和键值对两种信息附加方式以及单向和获取返回值两种消息传递形式。

1. 实例要求

在第一个 Activity 中实现如下功能。
（1）输入两个整数。
（2）选择向第二个 Activity 中传递数据的方式。
（3）指定是否需要获取从被调用的第二个 Activity 中获取返回值。
（4）在第二个 Activity 中对第一个 Activity 传递过来的两个数据求和，并能够将所求的和返回到主 Activity 中显示。

主界面和计算界面分别如图 9.4 和图 9.5 所示。

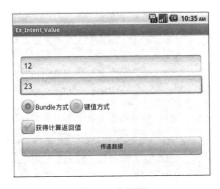

图 9.4　主界面

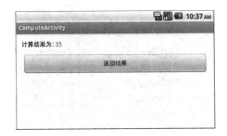

图 9.5　计算界面

2. 界面布局分析

该应用第一个 Activity 对应的界面主要涉及的控件有：一个用于显示返回结果的 TextView 控件，两个用于输入数据的 EditText 控件，一个用于选择数据附加方式的 RadioGroup 控件，一个用于选择启动 Activity 方式的复选框和一个用于启动计算 Activity 的 Button 控件；计算界面只有一个用于显示计算结果的 TextView 控件和一个设置返回值的 Button 控件。

主界面布局 activity_main.xml 代码如下：

`<LinearLayout xmlns:android="http://schemas.android.com/apk/res/android"`

```xml
    xmlns:tools="http://schemas.android.com/tools"
    android:id="@+id/LinearLayout1"
    android:layout_width="match_parent"
    android:layout_height="match_parent"
    android:orientation="vertical"
    tools:context=".MainActivity" >
    <TextView
        android:id="@+id/txtResult"
        android:layout_width="fill_parent"
        android:layout_height="wrap_content"
        android:text="" />
    <EditText
        android:id="@+id/edt_n1"
        android:layout_width="fill_parent"
        android:layout_height="wrap_content"
        android:ems="10"
        android:inputType="number" >
        <requestFocus />
    </EditText>
    <EditText
        android:id="@+id/edt_n2"
        android:layout_width="fill_parent"
        android:layout_height="wrap_content"
        android:ems="10"
        android:inputType="number" />
    <RadioGroup
        android:id="@+id/rbgType"
        android:layout_width="wrap_content"
        android:layout_height="wrap_content"
        android:orientation="horizontal" >
        <RadioButton
            android:id="@+id/rdBundle"
            android:layout_width="wrap_content"
            android:layout_height="wrap_content"
            android:checked="true"
            android:text="Bundle方式" />
        <RadioButton
            android:id="@+id/rdKeyValue"
            android:layout_width="wrap_content"
            android:layout_height="wrap_content"
            android:text="键值方式" />
    </RadioGroup>
    <CheckBox
        android:id="@+id/chkGetResult"
        android:layout_width="wrap_content"
        android:layout_height="wrap_content"
        android:text="获得计算返回值" />
    <Button
        android:id="@+id/btnSendValue"
        android:layout_width="fill_parent"
        android:layout_height="wrap_content"
        android:text="传递数据" />
</LinearLayout>
```

计算界面的布局 activity_compute.xml 代码如下。

```xml
<LinearLayout xmlns:android="http://schemas.android.com/apk/res/android"
    xmlns:tools="http://schemas.android.com/tools"
    android:id="@+id/LinearLayout1"
    android:layout_width="match_parent"
    android:layout_height="match_parent"
    android:orientation="vertical"
    tools:context=".ComputeActivity" >
    <TextView
        android:id="@+id/txtresult"
        android:layout_width="fill_parent"
        android:layout_height="wrap_content"
        android:text="计算结果为: " />
    <Button
        android:id="@+id/btnComputeReback"
        android:layout_width="fill_parent"
        android:layout_height="wrap_content"
        android:layout_marginTop="14dp"
        android:text="返回结果" />
</LinearLayout>
```

3. 应用功能分析

(1) 在主 Activity 中主要实现如下操作。

① 根据选择的 Intent 消息附加方式将 EditText 控件的值绑定到 Intent。

② 根据传递消息方式的不同使用 startActivity()或 startActivityForResult()方法启动计算 Activity。

③ 在使用 startActivityForResult()方法启动 Intent 时,需要在第一个 Activity 类中覆盖 onActivityResult()方法来处理返回值信息。

(2) 在计算 Activity 中主要实现操作如下。

① 获取主 Activity 传递来的数据,并对数据进行求和计算。

② 将计算结果显示在 TextView 中。

③ 当点击"返回结果"按钮时,调用 setResult()方法,设置返回的计算结果。

主界面 MainActivity 类实现代码如下:

```java
public class MainActivity extends Activity {
    RadioButton rdBundle, rdKeyValue;
    EditText edtN1, edtN2;
    TextView txtResult;
    CheckBox chkGetResult;
    Button btnSend;
    /**
     * 实例化控件函数
     */
    void initControl() {
        rdBundle = (RadioButton) findViewById(R.id.rdBundle);
        rdKeyValue = (RadioButton) findViewById(R.id.rdKeyValue);
        edtN1 = (EditText) findViewById(R.id.edt_n1);
        edtN2 = (EditText) findViewById(R.id.edt_n2);
        txtResult = (TextView) findViewById(R.id.txtResult);
        chkGetResult = (CheckBox) findViewById(R.id.chkGetResult);
        btnSend = (Button) findViewById(R.id.btnSendValue);
    }

    /**
```

```java
     * 以 Bundle 方式将数据添加到 Intent
     */
    Intent bundleValue() {
        int n1 = Integer.parseInt(edtN1.getText().toString());
        int n2 = Integer.parseInt(edtN2.getText().toString());
        Intent intent = new Intent();
        Bundle bundle = new Bundle();
        bundle.putInt("N1", n1);
        bundle.putInt("N2", n2);
        intent.putExtras(bundle);
        return intent;
    }

    /**
     * 将 EditText 控件的值以键值方式附加到 Intent 中
     */
    Intent keyValue() {
        int n1 = Integer.parseInt(edtN1.getText().toString());
        int n2 = Integer.parseInt(edtN2.getText().toString());
        Intent intent = new Intent();
        intent.putExtra("N1", n1);
        intent.putExtra("N2", n2);
        return intent;
    }
    @Override
    protected void onCreate(Bundle savedInstanceState) {
        super.onCreate(savedInstanceState);
        setContentView(R.layout.activity_main);
        initControl();
        btnSend.setOnClickListener(new View.OnClickListener() {
            @Override
            public void onClick(View v) {
                Intent intent;
                txtResult.setText("");
                if (rdBundle.isChecked()) {//如果为 Bundle 传送方式
                    intent = bundleValue();
                } else {//如果为键值传送方式
                    intent = keyValue();
                }
                intent.setClass(MainActivity.this,ComputeActivity.class);
                if (chkGetResult.isChecked())  //获取返回值调用方式
                    startActivityForResult(intent, 1);
                else
                    startActivity(intent);
            }
        });
    }
/**
*处理被调用 Activity 的返回信息
* @param requestCode 对应 startActivityForResult 中的请求码
* @param resultCode 对应 ComputeActivity 中的 setResult()中的状态码
* @param data 对应计算 Activity 中设置的 Intent
*/
@Override
protected void onActivityResult(int requestCode, int resultCode, Intent data) {
```

```java
    if (requestCode == 1) {
        if (resultCode == 1) {
            int result = data.getIntExtra("result", 0);
            txtResult.setText("返回的计算结果为:" + result);
        }
    }
    super.onActivityResult(requestCode, resultCode, data);
}
```

计算界面 ComputeActivity 类实现代码如下。

```java
public class ComputeActivity extends Activity {
    TextView txtResult;
    Button btnCompute;
    int result=0;  //计算结果
    /**
     * 实例化控件函数
     */
    private void initControl(){
        txtResult=(TextView) findViewById(R.id.txtresult);
        btnCompute=(Button) findViewById(R.id.btnComputeReback);
        btnCompute.setOnClickListener(new View.OnClickListener() {
            @Override
            public void onClick(View v) {
            //当按钮被点击后，设置返回值，将返回值放在 Intent 中
                Intent intent=new Intent();
                intent.putExtra("result",result );
                setResult(1, intent);
                finish();   //结束当前 Activity
            }
        });

    }
    @Override
    protected void onCreate(Bundle savedInstanceState) {
        super.onCreate(savedInstanceState);
        setContentView(R.layout.activity_compute);
        initControl();
        Intent intent=getIntent();//获取调用 Activity 传递过来的 Intent
        int n1=intent.getIntExtra("N1", 0);
        int n2=intent.getIntExtra("N2", 0);
        result=n1+n2;
        //在当前界面显示计算结果
        txtResult.setText(String.valueOf(result));
    }
}
```

9.4　Intent Filter

Intent Filter

前面已经提到，当隐式 Intent 发出请求时，系统将根据 Intent 的各个属性值

来判断要调用的组件，那么系统是怎样判断的呢？Android 规定每个组件使用前必须先在系统中注册，组件一般都通过 AndroidManifest.xml 进行注册信息的描述，很少在代码中进行控制。BroadcastReceiver 组件有时会使用 registerReceiver() 来动态注册过滤器。在注册时，组件会在 Intent Filter 中告诉系统该组件可以响应或处理的隐式 Intent 请求所应符合的要求。当系统接收隐式 Intent 请求时，便会利用这些过滤信息对 Intent 请求进行匹配。

下面是在建立项目时系统自动生成的主窗体的配置信息。

```
<activity
    android:name="com.example.ex_intent.MainActivity"
    android:label="@string/app_name" >
    <intent-filter>
        <action android:name="android.intent.action.MAIN" />
        <category android:name="android.intent.category.LAUNCHER" />
    </intent-filter>
</activity>
```

<intent-filter>标签包含在组件的配置标签内，用于对组件要接收的 Intent 进行过滤，<intent-filter>标签中的<action>、<category>、<data> 标签分别对应 Intent 中的 Action、Category 和 Data 属性。上面示例中的"android.intent.action.MAIN"对应 Intent 的 Action 属性的"ACTION_MAIN"值，表示该 Activity 为应用程序要第一个调用的界面。"android.intent.category.LAUNCHER"对应 Intent 的 Category 属性的"CATEGORY_LAUNCHER"值，通过与"ACTION_MAIN"组合使用来标识该 Activity 是应用程序的入口，并且当前 Activity 的图标会作为应用程序的图标显示在 Android 设备的桌面上。

下面讲解常用组件过滤配置。

9.4.1　Action 和 Category 元素

如果组件允许隐式 Intent 调用，必须配置<intent-filter>，而且该元素中至少包含一个<action>项和一个<category>项，否则任何隐式 Intent 请求都不能与该<intent-filter>匹配。一个<intent-filter>中可以包含多个<Action>或者<category>配置项。

```
<intent-filter>
    <action android:name="android.intent.action.EDIT" />
    <action android:name="android.intent.action.VIEW" />
    <category android:name="android.intent.category.DEFAULT" />
    <category android:name="android.intent.category.BROWSABLE" />
    <data android:scheme="http" />
    <data android:mimeType="txt/htm"  />
</intent-filter>
```

由于系统会自动为每个隐式 Intent 请求添加一个默认 Category 属性"CATEGORY_DEFAULT"，根据隐式 Intent 过滤器匹配原则，如果一个组件允许隐式调用，其过滤器必须匹配请求 Intent 中描述的所有 Category 属性，因此隐式调用的组件在注册的<intent-filter>中必须包含默认 Intent 类别配置项"<category android:name="android.intent.category.DEFAULT"/>"。

同一个属性在过滤器中可能有多个对应配置值。只要 Intent 的 Action 属性和 Category 属性的值存在于该过滤器中，就可以通过相应属性匹配过滤。上面示例中，过滤器中有两个 action 项和两个 category 项，当隐式 Intent 的 Action 取值为"ACTION_VIEW"或"ACTION_EDIT"时，该 Intent

在 Action 属性能够匹配该 Activity；当隐式 Intent 没有设置 Category 值或设置 Intent 的 Category 值为 "CATEGORY_BROWSABLE"，并且设置的 data 的 scheme 为 "http"，mimeType 为 "txt/htm" 时，该 Intent 在 Category 属性上能够匹配该 Activity。

总的来说，Intent 的 Action 属性和 Category 的过滤匹配规则为，依次取出 Intent 的 Action 属性和 Category 属性值去与过滤器比较，只要该值在过滤器中存在，则对应属性通过过滤器检测。

注意，在 Intent 没有指定 Data 属性值时，Intent 应该设置 Action 值，否则易产生异常。

9.4.2 Data 元素

Data 元素主要用于指定组件可以执行的数据，它对应 Intent 的 Data 属性。Data 元素一般有 scheme、host、path、port 子属性。另外，mimeType 属性对应 Data 的 Type 属性。以上 Data 元素的属性都是可选的。定义形式一般如下。

```
<intent-filter>
    <data android:mimeType="video/mpeg"
android:scheme="http"
android:host="dzu.edu.cn"
android:port="8088"
android:path="home/video"
 />
</intent-filter>
```

在数据匹配时，依次匹配 Data 中的 scheme、host、port 和 path 属性，如果某个 Data 属性缺失，则该属性及后面的属性将不再比较。如果 Intent 的 Data 中没有指定 scheme 信息，则 host 属性及以后的属性值将被忽略；如果没有指定 host 信息，则 port 及以后的属性值将被忽略。

当 Intent 的 Uri 与过滤器进行比较时，只比较过滤器中注册的数据部分，没有注册的不进行匹配。其一般匹配规则如下。

（1）如果过滤器中的 Data 只指定了 scheme 属性，所有符合该 scheme 值的 Uri 都能通过 Data 属性验证，将忽略 Intent 的 Uri 中的其他信息。

（2）如果过滤器中的 Data 只指定了 scheme、host 属性，所有符合该 scheme 和 host 值的 Uri 都能通过 Data 属性验证，而忽略 Uri 中的 path 信息。

（3）如果过滤器中的 Data 指定了 scheme、host 和 path 属性，那么只有严格符合该要求的 Uri 才能通过 Data 属性验证。

9.4.3 Data 匹配规则

Data 匹配既要检查 Uri，又要检查数据 MIME 类型。

（1）Intent 对象既不包含 Uri，也不包含数据 MIME 类型：仅当过滤器也不指定任何 Uri 和数据 MIME 类型时，匹配才能通过；否则不能通过。

（2）Intent 对象包含 Uri，但不包含数据 MIME 类型：仅当过滤器也不指定数据 MIME 类型，同时它们的 Uri 匹配时，匹配才能通过。

```
<data android:scheme="http" />
```

（3）Intent 对象包含数据 MIME 类型，但不包含 Uri：仅当过滤器也只包含数据 MIME 类型且与

Intent 相同时，匹配才能通过。

```
<data android:type="video/*" />
```

video/*表示 Intent 的数据 MIME 类型的主类型只要为 video 即可，不考虑子类型。

（4）Intent 对象既包含 Uri 又包含数据 MIME 类型（或者说可从 Uri 推断出 MIME 类型）。这种情况下，要分别验证 Uri 和 MIME 类型是否匹配，只有 Uri 和 MIME 都通过验证，数据检测才能通过。只有 Intent 的 MIME 类型与过滤器中列出的某一个<data/>标签中的 MIME 类型匹配时，MIME 类型验证才能通过。只要满足以下两种情况之一，Uri 验证就可以通过：①Intent 的 Uri 匹配过滤器中某一个<data/>标签中的 Uri；②Intent 的 Uri 的 scheme 为 content 或 file，并且过滤器中所有<data/>标签中都没有指定 Uri。当过滤器中配置了数据 MIME 类型，但是没有给出 scheme 的要求时，系统默认组件支持的 scheme 为 content 和 file。因为大部分组件从本地文件或 ContentProvider 组件中获取数据，因此很多针对此类文件的操作都是只规定数据 MIME 类型而不指定 Uri 信息。例如：

```
intent-filter1:
<data android:scheme="http" android:type="video/*" />
intent-filter2:
<data android:type="video/*" />
Intent myIntent= new Intent();
myIntent.setDataAndType(Uri.parse("content://cn.edu.dzu.love"), "video/*");
```

根据匹配规则，myIntent 对象能够通过 intent-filter2 的验证；但因为它的 schema 不同，不能通过 intent-filter1 的验证。

9.4.4 \<Data\>过滤器配置

<intent-filter>中的 Data 元素属性可以写在一个<Data>标签中，也可以将 Data 的各个属性写在不同的<Data>标签元素中。

```
<intent-filter>
     <data android:scheme="http" />
     <data android:scheme="https" />
<data android:host="211.64.32.13" />
<data android:path="student/score/list.aspx" />
<data android:port="8088" />
<data android:mimeType="text/html" />
</intent-filter>
```

以上规定了组件应匹配的 Intent 的 Uri，当 Intent 的 Uri 形如 http(s)://211.64.32.13:8088/student/score/list.aspx 且 Data 的 Type 为 text/html 时，Intent 通过组件的 Data 属性匹配检查。

组件可以配置多个过滤器，只有隐式 Intent 的所有属性都能够通过某个过滤器检测才能调用该组件。下面给出一个具有 3 个过滤器组件的示例。

该组件注册了 3 个过滤器，只要隐式 Intent 能够匹配其中任意一个过滤器就可以调用该组件。

```
<activity android:name="cn.edu.dzu.WageQueryActivity"
    android:label="@string/title_activity_wage_query" >
  <!-- 第1个过滤器，只过滤 Action 和 Category -->
  <intent-filter>
    <action android:name="dzu.edu.cn.UPDATE"/>
```

```xml
      <category android:name="android.intent.category.DEFAULT"/>
      <category android:name="dzu.edu.cn.WAGE"/>
    </intent-filter>
    <!-- 第 2 个过滤器,同时过滤 Action、Category 和 Data -->
    <intent-filter>
      <action android:name="dzu.edu.cn.QUERY"/>
      <category android:name="android.intent.category.DEFAULT"/>
      <category android:name="dzu.edu.cn.WAGE"/>
      <data android:mimeType="text/html"
        android:scheme="http"
        android:host="dzu.edu.cn"
        android:path="/student/index.html"
      />
    </intent-filter>
    <!-- 第 3 个过滤器,只对 Data 限定 MIME 类型 -->
    <intent-filter>
      <action android:name="dzu.edu.cn.QUERY"/>
      <category android:name="android.intent.category.DEFAULT"/>
      <category android:name="dzu.edu.cn.WAGE"/>
      <data android:mimeType="txt/htm"/>
    </intent-filter>
</activity>
```

使用隐式 Intent 调用该组件的程序源码如下。

```java
public void wageQuery(View v) {
    //匹配过滤器 1
    Intent intent=new Intent();
    intent.setAction("dzu.edu.cn.QUERY");
    intent.addCategory("dzu.edu.cn.WAGE");
    intent.setDataAndType(Uri.parse("http://dzu.edu.cn/student/index.html"),
        "text/html");
    startActivity(intent);
}
public void wageQuery2(View v) {
    //匹配过滤器 2
    Intent intent=new Intent();
    //注意在 Intent 有 Data 值的情况下去掉 Action 属性值仍然能够匹配过滤器 2
    intent.setAction("dzu.edu.cn.QUERY");
    intent.addCategory("dzu.edu.cn.WAGE");
    intent.setType("txt/htm");
    startActivity(intent);
}
public void wageQuery3(View v) {
    //匹配过滤器 3
    Intent intent=new Intent();
    intent.setAction("dzu.edu.cn.QUERY");
    intent.addCategory("dzu.edu.cn.WAGE");
    //使用过滤器默认 scheme
    intent.setDataAndType(Uri.parse("file://1.htm"), "txt/htm");
    startActivity(intent);
}

public void wageUpdate(View v) {
    //匹配过滤器 1
```

```
        Intent intent=new Intent();
        intent.setAction("dzu.edu.cn.UPDATE");
        //注意去掉下面的Category属性仍然能够匹配过滤器1
        intent.addCategory("dzu.edu.cn.WAGE");
        startActivity(intent);
    }
```

上面代码都能够实现隐式启动 WageQueryActivity。

只有隐式 Intent 的 Action、Category、Data 和 Type 属性都能通过某个组件的过滤器检测时，该 Intent 才能调用此组件。如果一个 Intent 能够通过不止一个组件过滤器检测，用户会被询问哪个组件应该被激活。如果没有找到目标，就会产生一个异常。

9.5 Broadcast

广播（Broadcast）需要有广播发送器和广播接收器。广播发送器（类似电台）给出 Intent 请求，Intent 中包含要发送的信息和用于过滤的信息（如 Action、Category 等）；接收器（类似收音机）使用 Intent Filter（类似频道）注册可以接收的广播类型。当 Intent 发送以后，所有已经注册的接收器会检查注册时的 Intent Filter 是否与发送的 Intent 相匹配，若匹配则会调用该接收器的 onReceive()方法。接收器对应的类继承于 BroadcastReceiver 类，onReceive()方法是该类对象调用时默认的启动方法。接收器接收信息后做出的相应操作可以放在该方法中执行。但该方法中不要放置运行时间过长的程序代码，否则系统会报错。

广播发出后，所有注册了与广播过滤器相匹配的接收器的应用程序都可以接收消息，因此，广播可以实现不同应用程序间的交互。但是，广播接收器不能进行耗时较长的处理，否则系统会报异常。Android 中大量使用广播 Intent 来广播系统事件，如电池电量、网络连接和来电等。

9.5.1 实现广播的步骤

实现广播一般包含以下步骤。

（1）实现广播接收器。广播接收器是接收广播消息并对消息做出反应的组件。实现时需要继承 BroadReceiver 类，并覆盖 onReceive()方法来完成接收广播后的操作。

（2）注册广播接收器。像注册 Activity 一样，用户需要对广播接收器进行注册，用于标识该接收器可以接收并处理的广播。因此，接收器的过滤信息配置需要与广播时设置的过滤器信息一致。注册可以分为静态注册和动态注册。

① 静态注册：在 AndroidManifest.xml 中注册。在该注册方式中，Android 不能自动销毁广播接收器，也就是说当应用程序关闭后，还是会接收广播。

② 动态注册：在代码中通过 registerReceiver()方法手动注册。当程序关闭时，该接收器也会随之销毁。当然，也可手动调用 unregisterReceiver()方法进行销毁。

（3）发送广播。该过程将消息内容和用于过滤的信息封装起来，并发送广播。封装信息和过滤信息的操作也就是对 Intent 附加信息和设置 Action 的过程，广播器和接收器可以在同一个应用中，也可以在不同应用中。

（4）接收广播。满足条件的广播接收器通过调用自身的 onReceive()方法对接收的广播信息做出反应。

（5）销毁广播接收器。

9.5.2 广播发送常用函数

Android 系统通过调用 sendBroadcast()方法、sendOrderBroadcast()方法或 sendStrikyBroadcast()方法来启动广播事件。这三种广播方法有所不同，主要区别如下。

（1）sendBroadcast()方法。这种方法不严格保证广播接收器执行顺序。

（2）sendOrderBroadcast()方法。这种方法保证广播接收器执行顺序。根据 BroadcastReceiver 注册时 Intent Filter 设置的优先级的顺序来执行 onReceive()方法，高优先级的广播接收器执行优先于低优先级的。高优先级的接收器可以终止广播的发送。

（3）sendStrikyBroadcast()方法。这种方法提供了带有"黏着"功能且一直保存发送的 Intent，以便在广播发送后，使用 registerReceiver()方法新注册的接收器也能够接收广播消息。

9.5.3 示例

Broadcast 的数据处理方式与 Activity 相似，下面以两个示例说明广播的使用。

1. 示例1

实现广播发送两个整数数据，接收器收到数据后进行数据的加法运算，并显示运算结果。操作步骤如下：

（1）实现广播接收器

新建一个继承于 BroadcastReceiver 类的 Receiver 类，并覆盖 onReceive()方法。

```
public class Receiver extends BroadcastReceiver {
    /**
     * @param context 上下文参数
     * @param intent 对应广播时传递过来的intent 参数
     */
    @Override
    public void onReceive(Context context, Intent intent) {
        String n1,n2;
        int s;
        n1= intent.getStringExtra("N1");
        n2= intent.getStringExtra("N2");
        s=Integer.parseInt(n1)+Integer.parseInt(n2);
        Toast.makeText(context, "接收器数据计算结果为:"+n1+"+" +n2+"="+String.valueOf(s),
Toast.LENGTH_LONG).show();
    }
}
```

（2）注册广播接收器

接收器的注册有两种方式，一种是通过 AndroidManifest.xml 来注册，另一种是在程序中通过执行 registerReceiver()方法实现。两种注册方式一般不同时使用。

① 打开 AndroidManifest.xml，模仿 Activity 的注册方式在<application>标签中注册接收器。

```
<receiver android:name="cn.edu.dzu.broadcastexample.Receiver">
    <intent-filter>
```

```xml
        <action android:name="dzu.edu.cn.COMPUTE_RECEIVER"/>
    </intent-filter>
</receiver>
```

② 程序中动态注册。动态注册时，需先定义一个接收器的类对象和该接收器对应的 IntentFilter 对象；在程序中注册的广播接收器，可以通过 unregisterReceiver()方法注销。

```java
//注册和取消注册使用同一个接收器对象，因此将接收器对象定义为类成员变量
Receiver myReceiver=new Receiver();
IntentFilter intentFilter
    =new IntentFilter("dzu.edu.cn.COMPUTE_RECEIVER");//定义过滤器
registerReceiver(myReceiver, intentFilter);//注册广播接收器

//注销广播接收器
unregisterReceiver(myReceiver);
```

（3）发送广播

在主窗体中添加一个按钮，实现按钮的 onClick 事件。

```java
public void broadcast(View v)
{
    Intent intent=new Intent("dzu.edu.cn.COMPUTE_RECEIVER");
    intent.putExtra("N1","12" );
    intent.putExtra("N2","18" );
    sendBroadcast(intent);
}
```

运行的效果如图 9.6 所示。

图 9.6　广播运行效果图

注意：广播器和接收器可以在同一个应用中实现，也可以将广播与接收器放在不同的应用中实现，还可以有多个接收器同时在多个应用中接收广播消息并根据需要进行相应的处理操作。

2. 示例 2

该示例实现电池电量信息的监控。Android 设备在电池电量改变时会发送广播。因此，用户不必再去实现广播功能，只需通过注册一个接收器来接收广播信息即可。广播接收器的 IntentFilter 的值设置为系统电量改变广播定义的 IntentFilter 值（Intent.ACTION_BATTERY_CHANGED），从而实现电池电量的监控。本示例的广播接收器定义为 Activity 类的内部类，相关类代码如下。

```java
public class BatteryBroadcastActivity extends Activity {
    TextView txtShow;
    Button btnRegister,btnUnRegister;//注册和注销接收器
    //实例化接收器对象
    BatteryReceiver batteryReceiver=new BatteryReceiver();
    @Override
    protected void onCreate(Bundle savedInstanceState) {
        super.onCreate(savedInstanceState);
        setContentView(R.layout.activity_battery_broadcast);
        initControl();//实例化控件
        btnRegister.setOnClickListener(new View.OnClickListener() {
        @Override
            public void onClick(View v) {
                // 定义过滤器，电量改变的Action为Intent.ACTION_BATTERY_CHANGED
                IntentFilter intentFilter=new
                IntentFilter(Intent.ACTION_BATTERY_CHANGED);
                //注册接收器
                registerReceiver(batteryReceiver, intentFilter);
            }
        });
        btnUnRegister.setOnClickListener(new View.OnClickListener() {
            @Override
            public void onClick(View v) {
            unregisterReceiver(batteryReceiver);//注销接收器
            }
        });
    }
    void initControl() {
        txtShow = (TextView) findViewById(R.id.txtShow);
        btnRegister=(Button) findViewById(R.id.btnRegister);
        btnUnRegister=(Button) findViewById(R.id.btnUnRegister);
    }
    //定义一个内部类实现广播接收器
    public class BatteryReceiver extends BroadcastReceiver {
        @Override
        public void onReceive(Context context, Intent intent) {
            if(Intent.ACTION_BATTERY_CHANGED.equals(intent.getAction())){
                //获取当前电量
                int level = intent.getIntExtra("level", 0);
                //电量的总刻度
                int scale = intent.getIntExtra("scale", 100);
                //把电量转成百分比
                txtShow.setText("电池电量为"+((level*100)/scale)+"%");
            }
        }
    }
}
```

9.6 Service

服务(Service)是一种运行在后台的Android组件，用于为其他组件提供服务，

可实现进程间通信（如网络传输、音乐播放、文件输入/输出等）。该组件不提供用户交互界面，只能通过被其他组件调用来与用户交互。

9.6.1 Service 调用方式

1. 两种调用方式

Service 组件的调用一般使用显式 Intent 实现，可以使用两种方式调用服务：启动方式和绑定方式。

（1）启动方式

启动方式使用 startService(Intent service)方法启动服务。当 Android 的其他组件以启动方式来启动一个服务时，这个 Service 将处于"Started"状态。一旦启动，这个服务可以在后台一直运行下去，即使启动它的应用程序退出，服务也不会终止，直到执行 stopService()或 stopSelf()方法才能结束服务。这种启动方式只需要向服务传递一个参数（用于指定要启动的服务以及向服务传递的数据）。

（2）绑定方式

绑定方式使用 bindService(Intent service, ServiceConnection conn, int flags)启动服务，当应用程序组件以绑定方式启动服务时，这个服务处于"绑定"（Bound）状态。处于"绑定"状态的 Service 允许组件以客户/服务（C/S）模式来与服务进行交互，多个组件可以同时绑定到一个服务，当这些组件都解除绑定时，服务终止。

这种方式启动服务需要 3 个参数。第一个参数 service 用于指定要启动的服务以及向服务传递的数据；第二个参数 conn 实现监视服务状态以及获得服务类接口；第三个参数 flags 用于指定服务启动方式。

使用绑定方式启动服务时，需要先实现监视服务状态的服务连接类 android.content.ServiceConnection，该类有 onServiceConnected(ComponentName name, IBinder service)和 onServiceDisconnected(ComponentName name)两个重要函数。这两个函数分别在建立连接和失去连接时调用，其参数说明如下。

① name，与服务建立连接时的组件名称。

② service，使用绑定方式启动服务后，服务通过 onBind()方法返回的 IBinder 服务接口。在实际使用时，需要将该接口类型由强制类型转换为实际的服务类。

如果想在连接时获得 IBinder 服务接口，需要在服务类中实现返回类接口的方法，在后面实例中将讲到。

2. 两种调用方式的区别

两种调用方式主要区别如下。

（1）startService()方法不能获得服务对象，只能通过向 Service 传递参数来控制服务。

（2）使用 startService()方法启动服务，调用者与服务之间没有关联，即使调用者已退出，服务仍然运行。

（3）若调用 startService()方法前服务已经被创建，多次调用 startService()方法并不会多次创建服务，但会多次调用 onStart()或 onStartCommand()方法。

（4）使用 bindService()方法，需要先建立与服务的连接才能访问服务。绑定启动方式可以获得服务接口，并通过对象接口来访问服务的各类公有方法。

（5）使用 bindService()方法启动服务，调用者与服务绑定在了一起，调用者一旦退出，服务也就终止了。若多个组件同时绑定一个服务，当这些组件都解除绑定时，服务将终止。

9.6.2　Service 生命周期

Service 实际上是一个继承于 android.app.Service 的类。与 Activity 一样，Service 也有一个从启动到销毁的生命周期，该周期可以分为以下几个阶段：创建服务、启动服务、开始服务和销毁服务。

（1）创建服务

创建服务时，服务组件将首先调用 onCreate()方法，在整个生命周期该方法只会被调用一次。

（2）启动服务

根据调用服务的方式不同，启动服务所运行的函数不同。

① 启动方式。调用 onStart(Intent intent,int startId)方法或 onStartCommand(Intent intent, int flags, int startId)方法。onStartCommand()方法适用于 API 5 以上版本的 Android 服务。该方法可以在生命周期中多次调用。在该方法中，服务可以通过 Intent 参数获得调用端传递的信息，并根据信息执行相应的服务操作。

② 绑定方式。调用 IBinder onBind(Intent intent)方法。在该方法中服务可以通过 Intent 参数获得调用端传递的信息，并根据信息执行相应的服务操作；同时，它还可以返回调用端一个服务接口，调用端可以使用该服务接口来与服务进行交互。

（3）开始服务

该阶段服务处于运行状态。

（4）销毁服务

当不需要服务时可以停止服务并销毁服务。根据调用方式的不同，停止服务和销毁服务的方法也不同。

① 启动方式。启动方式停止服务只需在调用组件中执行 stopService(Intent Service)方法即可。当然也可以向服务发送指令，在服务内部调用 stopSelf()来停止服务。停止服务时，最终调用 onDestroy()方法来销毁服务。

② 绑定方式。绑定方式需调用 unbindService(ServiceConnection conn)方法来停止服务。conn 为在启动服务时建立的服务连接对象。停止服务时，先调用 onUnbind(Intent intent)方法，然后调用 onDestroy()方法来销毁服务。

服务的整个生命周期如图 9.7 所示。

9.6.3　Service 音乐播放器实例

Android 的 Service 组件继承于 android.app.Service 类，如果实现一个服务功能，只要继承 android.app.Service 类，实现其生命周期中的关键方法并添加相应的服务功能即可。与 Activity 等组件一样，Service 也必须在 AndroidManifest.xml 中注册才能使用。

下面通过实现音乐播放服务来说明 Service 的实现及其生命周期，该播放服务可以使用启动方式调用也可以使用绑定方式调用。音乐播放功能使用 android.media.MediaPlayer 类实现。该类提供了丰富的 API 接口用于实现音频、视频的播放功能，MediaPlayer 类常用方法如表 9.6 所示。

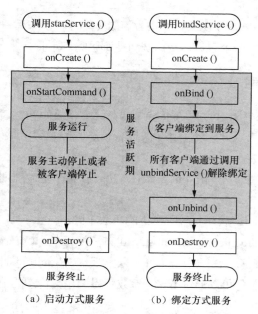

图9.7　服务的整个生命周期

表9.6　MediaPlayer类常用方法

方法	说明
create(Context context, Uri uri)	通过Uri创建一个MediaPlayer对象
create(Context context, int resid)	通过资源ID创建一个MediaPlayer对象
isPlaying()	判断播放器是否正在播放，返回boolean
pause()	控制播放器暂停
prepare()	准备同步数据
reset()	重置MediaPlayer对象
setLooping(boolean looping)	设置是否循环播放
start()	控制播放器开始播放
stop()	控制播放器停止播放

实现音乐播放Service功能的步骤如下。

（1）新建工程

新建一个Android工程AndroidPlayerService。

（2）建立服务

建立服务，在工程中创建一个继承于android.app.Service类的PlayerService类。

该服务在以绑定方式启动时，要能返回服务接口。因此，首先实现一个继承于Binder类的MyBinder类，用于返回PlayerService类实例；然后用MyBinder类实例化一个IBinder对象iBinder，用于在onBind()方法中返回服务接口。

该服务在以启动方式调用时，通过Intent向服务传递指令，服务通过onStartCommand()方法获得传递的指令，然后执行相关操作。

定义一个MediaPlayer对象，用于实现媒体的控制操作，该对象的实例化在自定义方法start()中实现。

① 相关代码

```java
public class PlayerService extends Service {
    private final String TAG = "MusicService";//用于日志的信息类别
    private MediaPlayer player;
    //定义服务接口对象，在onBind()方法中使用
    private final IBinder iBinder = new MyBinder();
    //自定义类实现使用绑定方式调用时获得服务接口
    public class MyBinder extends Binder {
        PlayerService getService() {
            return PlayerService.this;
        }
    }
    //绑定方式调用时使用此函数
    @Override
    public IBinder onBind(Intent intent) {
        Log.i(TAG, "onBind...");
        return iBinder;  //返回服务接口
    }
    @Override
    public void onCreate() {
        Log.i(TAG, "onCreate...");

    }
    //启动方式时调用该方法
    @Override
    public int onStartCommand(Intent intent, int flags, int startId) {
        Log.i(TAG, "onStartCommand...");
        String state = intent.getStringExtra("PlayerState");
        if (state != null) {//判断客户端发送过来的指令参数
            if (state.equals("START")) {//播放
                start();
            }
            if (state.equals("PAUSE")) {//暂停
                pause();
            }
            if (state.equals("STOP")) {//停止播放
                stop();
            }
            if (state.equals("STOPSERVICE")) {//结束服务
                stopSelf();//调用 stopSelf()关闭服务
            }
        }
        return super.onStartCommand(intent, flags, startId);
    }

    public void start() {
        if (player == null) {
            //用音频资源 hen_egg 实例化一个 MediaPlayer 对象
            player = MediaPlayer.create(this, R.raw.hen_egg);
            player.setLooping(false);   //禁止循环播放
            // 防止 prepareAsync called in state 8 错误
```

```
            try {
                if (player != null) {
                    player.stop();
                }
                try {
                    player.prepare();
                } catch (IOException e) {
                    e.printStackTrace();
                }

            } catch (IllegalStateException e) {
                e.printStackTrace();
                Log.i(TAG, "出现异常...");
            }
        }
        if (!player.isPlaying()) {
            Log.i(TAG, "player start...");
            player.start();
        }
    }
    public void pause() {
        if (player != null && player.isPlaying()) {
            Log.i(TAG, "player Paused...");
            player.pause();
        }
    }
    public void stop() {
        Log.i(TAG, "player Stopped...");
        player.stop();
        try {
            player.prepare();
        } catch (IllegalStateException e) {
            e.printStackTrace();
        } catch (IOException e) {
            e.printStackTrace();
        }
    }
    @Override
    public void onDestroy() {
        Log.i(TAG, "Service onDestroy...");
        player.stop();
        player.release();
    }
    @Override
    public boolean onUnbind(Intent intent) {
        Log.i(TAG, "Service onUnbind...");
        stop();
        return super.onUnbind(intent);
    }
}
```

② 分析

服务运行时首先运行 onCreate()方法。

当用启动方式调用时，将运行 onStartCommand()方法。该方法使用 Intent 接收调用端传递的参数，根据参数要求执行不同的功能：播放 start()、暂停播放 pause()和停止播放 stop()。MediaPlayer.create(this, R.raw.hen_egg)方法用于实例化一个 MediaPlayer 对象，R.raw.hen_egg 是一个音频文件，创建方法为：在 res 目录中建立一个 raw 目录，然后将一个名为 hen_egg 的音频文件复制到其中即可。

当用绑定方式调用时，将运行 onBind()方法。该方法返回一个可以被客户端调用的服务接口对象，当客户端解除绑定时会调用 onUnbind()方法。

服务生命结束时，最后要调用 onDestroy()方法来释放资源。

（3）注册服务

打开 AndroidManifest.xml，在 <application>标签中注册服务，该过程可以在 Manifest 编辑器中单击 Application 选项卡，注册信息如下：

```xml
<service android:name="PlayerService">
   <intent-filter>
      <action android:name="dzu.edu.cn.MP3_PLAYER"/>
   </intent-filter>
</service>
```

（4）实现调用服务应用程序界面布局 Layout

在 MainActivity 的 Layout 中添加 9 个按钮并设置其 onClick 事件，分别用于实现 startService()方式调用时的 4 个功能和绑定方式调用时的 5 个功能：开始播放（playerStart）、暂停播放（playerPause）、停止播放（playerStop）、停止服务（stopService）、绑定服务（startBindService）、bind 播放（playerBindStart）、bind 暂停（playerBindPause）、bind 停止（playerBindStop）和解除绑定（unbindService）。代码如下。

```xml
<LinearLayout xmlns:android="http://schemas.android.com/apk/res/android"
    xmlns:tools="http://schemas.android.com/tools"
    android:id="@+id/LinearLayout1"
    android:layout_width="match_parent"
    android:layout_height="match_parent"
    android:orientation="vertical"
    android:paddingBottom="@dimen/activity_vertical_margin"
    android:paddingLeft="@dimen/activity_horizontal_margin"
    android:paddingRight="@dimen/activity_horizontal_margin"
    android:paddingTop="@dimen/activity_vertical_margin"
    tools:context=".MainActivity" >
    <Button
        android:id="@+id/btnStart"
        android:layout_width="wrap_content"
        android:layout_height="wrap_content"
        android:onClick="playerStart"
        android:text="播放" >
    </Button>
    <Button
        android:id="@+id/btnPause"
        android:layout_width="wrap_content"
        android:layout_height="wrap_content"
        android:onClick="playerPause"
        android:text="暂停" >
    </Button>
    <Button
        android:id="@+id/btnStop"
```

```xml
            android:layout_width="wrap_content"
            android:layout_height="wrap_content"
            android:onClick="playerStop"
            android:text="停止" >
        </Button>
        <Button
            android:id="@+id/btnStopService"
            android:layout_width="wrap_content"
            android:layout_height="wrap_content"
            android:onClick="stopService"
            android:text="停止服务" >
        </Button>
        <Button
            android:id="@+id/btnBindStartService"
            android:layout_width="wrap_content"
            android:layout_height="wrap_content"
            android:onClick="startBindService"
            android:text="绑定服务" >
        </Button>
        <Button
            android:id="@+id/btnBindStartPlayer"
            android:layout_width="wrap_content"
            android:layout_height="wrap_content"
            android:onClick="playerBindStart"
            android:text="bind 播放" >
        </Button>
        <Button
            android:id="@+id/btnBindPause"
            android:layout_width="wrap_content"
            android:layout_height="wrap_content"
            android:onClick="playerBindPause"
            android:text="bind 暂停" >
        </Button>
        <Button
            android:id="@+id/btnBindStop"
            android:layout_width="wrap_content"
            android:layout_height="wrap_content"
            android:onClick="playerBindStop"
            android:text="bind 停止" >
        </Button>
        <Button
            android:id="@+id/btnUnbind"
            android:layout_width="wrap_content"
            android:layout_height="wrap_content"
            android:onClick="unbindService"
            android:text="解除绑定" >
        </Button>
</LinearLayout>
```

（5）完善调用服务程序类 MainActivity

定义类成员属性 Action_PLAYER、pservice、TAG，分别用于服务 Action 过滤、绑定服务时存储服务接口和 Log 日志的信息分类标签。代码如下。

```
public class MainActivity extends Activity {
```

```
    static final String Action_PLAYER = "dzu.edu.cn.MP3_PLAYER";
    private PlayerService pservice = null;
    private static final String TAG = "MusicService";
    @Override
    protected void onCreate(Bundle savedInstanceState) {
        super.onCreate(savedInstanceState);
        setContentView(R.layout.activity_main);
    }
}
```

（6）实现启动方式访问音乐服务

该方式启动服务时，只需将要执行的指令以字符串的形式附加到 Intent 数据中，数据值 "START" "PAUSE" "STOP" 分别代表调用服务的开始播放、暂停播放和停止播放，然后调用 startService()方法启动服务即可。在 MainActivity 类中添加如下代码。

```
public void startClick(View v) {
    Intent service = new Intent(MainActivity.this, PlayerService.class);
        int vid = v.getId(); // 获得点击的按钮 ID
        if (vid == R.id.btnStopService) // 停止服务
            stopService(service);
        else { // 根据点击按钮设置相应指令
            switch (vid) {
            case R.id.btnStart: // 开始播放
                service.putExtra("PlayerState", "START");
                break;
            case R.id.btnPause: // 暂停播放
                service.putExtra("PlayerState", "PAUSE");
                break;
            case R.id.btnStop: // 停止播放
                service.putExtra("PlayerState", "STOP");
                break;
        }
        startService(service); // 启动服务
    }
}
```

startService()方式访问服务比较简单，只要将数据封装在 Intent 中，然后调用 startService()函数启动服务即可，如果服务已经运行，服务不会再重新创建，而是从生命周期的 onStartCommand()开始运行。服务的终止可以使用 stopService()，也可以向服务传递一个参数，由服务在服务类内部使用 stopSelf()终止服务。

（7）绑定方式访问音乐服务

在使用 bindService(Intent service, ServiceConnection conn, int flags)启动服务时，服务执行完 onBind(Intent intent)方法后，将调用 conn 对象中的 onServiceConnected(ComponentName name, IBinder service)方法，将服务接口传递给该方法的 service 对象；当服务解除绑定时调用 onServiceDisconnected (ComponentName name)。因此，该方式访问服务需要先实现 ServiceConnection 类，并实现该类中的 onServiceConnected()和 onServiceDisconnected 方法，以实现对服务连接状态的监控。在 MainActivity 类中添加如下代码。

```
    private ServiceConnection conn = new ServiceConnection() {
```

```java
    @Override
    public void onServiceDisconnected(ComponentName name) {
        Log.i(TAG, "disConnected...");
    }
    @Override
    public void onServiceConnected(ComponentName name, IBinder service) {
        Log.i(TAG, "connect success...");
//获得服务接口，并强制类型转换为PlayerService
pservice = ((PlayerService.MyBinder) service).getService();
pservice.start();        //启动服务
    }
};
```

在 onServiceConnected()方法中获得服务接口对象 pservice 后，可以利用该服务接口对象，直接访问服务中的方法。在 MainActivity 类中添加如下代码实现绑定播放服务控制。

```java
public void bindClick(View v) {
    int vid = v.getId(); // 获得点击按钮的 ID
    switch (vid) {
    case R.id.btnBindStartService:
        Intent service = new Intent(MainActivity.this, PlayerService.class);
        //绑定服务
        bindService(service, conn, Context.BIND_AUTO_CREATE);
        break;
    case R.id.btnBindStartPlayer:
        if (pservice != null && conn != null) {
            pservice.start();
        }
        break;
    case R.id.btnBindPause:
        if (pservice != null) {
            pservice.pause();
        }
        break;
    case R.id.btnBindStop:
        if (pservice != null) {
            pservice.stop();
        }
        break;
    case R.id.btnUnbind:
        try {
            unbindService(conn);
            pservice = null;

        } catch (Exception ex) {
            Log.i(TAG, ex.toString());
        }
    }
}
```

两种调用方法可以混合使用。当两种调用方法混合使用时，如果绑定访问方式还没有全部解除绑定，即使执行 stopService()方法也不能结束服务，只有当所有绑定解除后才能结束服务。系统运行效果如图 9.8 所示。

图 9.8　音乐播放运行界面

9.6.4　系统内置服务

Android 系统中内置了很多服务，用于进行各种监听或控制服务，可以使用 Activity 类的 getSystemService(String name)来获得系统服务。Android 常用系统服务如表 9.7 所示。

表 9.7　Android 常用系统服务

Service	作用	返回对象
WINDOW_SERVICE	窗口服务，获得屏幕的宽和高等	android.view.WindowManager
LAYOUT_INFLATER_SERVICE	布局加载转换服务，根据 XML 布局文件绘制视图	android.view.LayoutInflater
NOTIFICATION_SERVICE	通知服务	android.app.NotificationManager
KEYGUARD_SERVICE	键盘锁的服务	android.app.KeyguardManager
LOCATION_SERVICE	位置服务，用于提供位置信息	android.location.LocationManager
SEARCH_SERVICE	本地查询服务	android.app.SearchManager
VEBRATOR_SERVICE	手机振动服务	android.os.Vibrator
CONNECTIVITY_SERVICE	网络连接服务	android.net.ConnectivityManager
WIFI_SERVICE	标准的无线局域网服务	android.net.wifi.WifiManager
TELEPHONY_SERVICE	电话服务	android.telephony.TelephonyManager
SENSOR_SERVICE	传感器服务	android.os.storage.StorageManager
INPUT_METHOD_SERVICE	输入法服务	android.view.inputmethod.InputMethodManager

下面给出一个电话服务和音频服务使用的实例，该实例可以自动将某个来电号码的来电设置为静音，挂断电话后手机来电自动恢复正常状态。操作步骤如下。

（1）建立一个 Activity，命名为 SystemServiceActivity，在 SystemServiceActivity 类中建立一个内

部类 PhoneListener 实现来电状态监听，该类继承于 PhoneStateListener 类，并覆盖 onCallStateChanged() 方法。

```java
public class PhoneListener extends PhoneStateListener {

    @Override
    public void onCallStateChanged(int state, String incomingNumber) {
        AudioManager audioManager = (AudioManager)
                getSystemService(Context.AUDIO_SERVICE);//获得音频服务
        switch (state) {
            case TelephonyManager.CALL_STATE_IDLE://电话空闲
                audioManager.setRingerMode (AudioManager
                    .RINGER_MODE_NORMAL);
                break;
            case TelephonyManager.CALL_STATE_RINGING:  //如果有来电
                if ("5556".equals(incomingNumber))    //判断是否设置号码
                    audioManager.setRingerMode(AudioManager
                                        .RINGER_MODE_SILENT);
                break;
        }
        super.onCallStateChanged(state, incomingNumber);
    }
}
```

（2）获得电话服务对象并监听电话状态

在类 SystemServiceActivity 的 onCreate()方法中添加下面代码，用于获得电话服务对象并监听电话状态。

```java
//获得电话服务对象
TelephonyManager telManager =
(TelephonyManager) getSystemService(Context.TELEPHONY_SERVICE);
//监听电话状态
PhoneListener phoneListener = new PhoneListener();
telManager.listen(phoneListener, PhoneStateListener
            .LISTEN_CALL_STATE);
```

该实例稍加改动就可以实现针对不同来电号码设置不同的声音。

9.7 数据共享

数据共享

9.7.1 ContentProvider 共享

ContentProvider 组件是 Android 应用的基本组件之一，是应用之间进行数据共享的主要途径。ContentProvider 组件的主要功能是存储并检索数据以及向其他应用程序提供访问数据的接口。

Android 系统已经为一些常见的数据类型（如音乐、视频、图像、手机通讯录、信息等）内置了一系列的 ContentProvider，这些组件都位于 com.android.provider 包下，如图 9.9 所示。只要在 AndroidManifest.xml 中设置相应的访问许可，开发人员就可以在自己开发的应用程序中访问这些 ContentProvider。

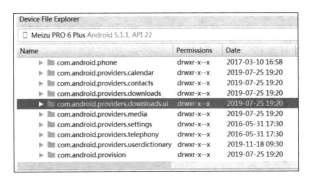

图 9.9　ContentProvider 列表

1. ContentProvider 的两个重要概念

ContentProvider 有两个重要的概念：数据模型（Data Model）和统一资源标识符（Uniform Resource Identifiers，URI）。

（1）数据模型

ContentProvider 提供的数据以数据表的形式存储，在数据表中每一行为一条记录，每一列为具有特定类型和意义的数据。每一条数据记录都包括一个"_ID"数值字段，该数值字段唯一标识一条记录。

（2）统一资源标识符

每一个 ContentProvider 都对外提供一个能够唯一标识自己数据集的公开 URI。如果一个 ContentProvider 管理多个数据集，其将会为每个数据集分配一个独立的 URI。所有的 ContentProvider 的 URI 都以"content://"开头，其中"content:"标识数据是由 ContentProvider 管理的 schema。其定义形式如下。

content://数据路径/标识 ID（可选）

示例如下。

content://contacts/people　　返回设备上的所有联系人信息
content://contacts/people/1　　返回设备上_ID 为 1 的联系人信息

2. 与 ContentProvider 相关的 Uri 类和 ContentUris 类

如果要在编程中使用 URI，需要将以字符串表示的 URI 转换为 Uri 类对象，然后通过 Uri 类或 ContentUris 类来对 URI 进行操作。Uri 类提供了丰富的类函数用于 URI 路径编码、路径获得、路径扩展等。这里只介绍与 ContentProvider 相关的几个函数。

（1）Uri 封装函数

Uri Uri.parse(String uriString)

该函数将以字符串表示的 URI 转换为 Uri 类对象。示例如下。

Uri cpUri=Uri.parse("content://contacts/people");

（2）构造具有_ID 路径的 Uri 类成员函数

在已有的 URI 资源基础上添加新的子路径或_ID 来形成一个新的 Uri 对象常用的函数如下。

Uri.withAppendedPath(Uri baseUri, String pathSegment)

该函数通过在已有 Uri 路径末尾附加路径 pathSegment，形成一个新的 Uri 对象。示例如下。

`Uri myUri=Uri.withAppendedPath(cpUri, "1");`

myUri 的 Content 信息为 content://contacts/people/1。

另外，ContentUris 类也提供了一个 Uri 路径连接函数。

`ContentUris.withAppendedId(Uri contentUri, long id)`

该函数在原有 Uri 对象基础上构造具有_ID 路径的 Uri 函数。示例如下。

`Uri myUri=ContentUris.withAppendedId(cpUri, 1);`

（3）获取 Uri 路径中的_ID 值的函数

获取已有 Uri 路径中的_ID 值常用的函数如下。

`Uri.getLastPathSegment()`

该函数获取 Uri 对象路径中的最后一部分的子路径字符串。如果 Uri 中包含_ID，最后一个子路径的值为_ID 对应的字符串。示例如下。

```
myUri.getLastPathSegment();    //获取值为 "1"
cpUri.getLastPathSegment();    //获取值为 "people"
```

ContentUris 类提供了一个专门用于获取_ID 值的函数。

`ContentUris.parseId (Uri contentUri)`

该函数专门从 Uri 对象中获取_ID 值，如果 Uri 对象中不包含_ID，则返回-1。

`ContentUris.parseId (myUri);   //获取值为 "1"`

3. 数据操作类 ContentResolver

为了使外部应用程序可以访问 Content Provider 提供的数据，Android 提供了另外一个 Content Provider 数据访问类 ContentResolver。该类可以实现共享数据的增、删、改、查。ContentResolver 类常用函数如表 9.8 所示。

表 9.8　ContentResolver 类常用函数

函数	功能
Uri insert (Uri uri, ContentValues values)	向 URI 中插入一条数据
int delete (Uri uri, String where, String[] selectionArgs)	根据给定条件，删除 URI 中的相关数据
Cursor query (Uri uri, String[] projection, String selection, String[] selectionArgs, String sortOrder)	在 URI 中查询符合条件的数据，并以 Cursor 类型返回
int update (Uri uri, ContentValues values, String where, String[] selectionArgs)	根据给定条件，更新 URI 中的相关数据

以上函数与数据库操作中相应的同名函数类似，这里不再详细解释。

9.7.2　ContentProvider 操作通讯录

1. Android 通讯录数据库

Android 提供了一个通讯录数据库，该数据库所在位置为 /data/data/com.android.providers. contacts/databases/contact2.db，如图 9.10 所示。其中比较重要的有 3 个表，分别是 data、raw_contacts、

contacts。data 表用于保存联系人数据，每行数据含义不同，具体由 mimetype_ID 字段值确定：邮箱；聊天账号；住址；图片；电话号码；姓名；公司+职位；昵称；所属组；备注；网址。data 表中的字段 raw_contact_id 将 data 表和 raw_contacts 表关联起来。raw_contacts 表描述联系人每个账户下的数据，同一个联系人可能在 raw_contact 表中有多条记录，每条记录属于不同账户，对应 data 表中多条数据；raw_contact 表通过 contact_id 字段与 contacts 表关联。contacts 表将 raw_contacts 中同一个联系人的不同账号聚合在一起，每个联系人一行。总的来说，contacts 表示对 raw_contact 表记录的聚合，raw_contact 表存储联系人不同账户的概要信息，Data 表则存储了联系人的详细信息。

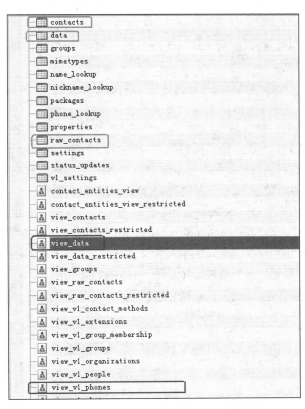

图 9.10　通讯录数据库

为便于操作，Android 结合这些基本表构造了系列视图，如 view_contacts、view_v1_phone、view_v1_people 等，这些视图都有对应的 Uri 常量和 URI。例如，常量 ContactsContract.Contacts.CONTENT_URI 代表 view_contacts 视图，对应的 URI 为 content://com.android.contacts/contacts；ContactsContract.CommonDataKinds.Phone.CONTENT_URI 代表联系人电话视图 view_v1_phone，对应 URI 为 content://com.android.contacts/data/phones。

2. 通过 ContentResolver 操作通讯录

Android 提供了一个 ContentResolver 类，使用该类可以方便地访问 Content Provider 提供的接口，对 ContentProvider 类的数据进行添加、删除、修改和查询操作。

下面以操作通讯录中联系人表为例讲解 ContentProvider 的使用。

（1）获得 ContentResolver 对象

在使用 ContentResolver 对象操作数据时，首先要用 Activity 类提供的 getContentResolver()方法来获取 ContentResolver 对象。

```
ContentResolver cr= getContentResolver();
```

获得 ContentResolver 对象后，可以方便地对通讯录进行增删改查操作。

（2）查询所有用户电话信息

```
private Cursor getAllContact(Context ct){
   return ct.getContentResolver().query(
       Phone.CONTENT_URI, null, null, null, null);
}
```

在提取游标中的数据时，首先使用 getColumnIndex()函数获得对应数据列名所在列的序号，再根据列序号获得相应列的数据。

```
String uname=cursor.getString(cursor.getColumnIndex(ContactsContract.Contacts.
    DISPLAY_NAME));
```

（3）向数据库插入用户名和电话号码

在向通讯录插入信息时，首先，要获得联系人对应的 raw_contact_id；然后，根据 raw_contact_id 向 data 表中插入联系人姓名和电话号码。添加联系人一般分为添加新建联系人和在已有联系人基础上添加新的信息。如果为新建联系人，需要先向 raw-contacts 表添加一条记录，获得该联系人的 raw_contact_id；然后，根据该 raw_contact_id 向 data 表中插入相应的联系人信息。如果为向已有联系人信息添加信息，需要先获得联系人的 raw_contact_id 后再操作。在向数据表插入数据时，需先通过 Data.MIMETYPE 指定插入数据值代表的字段含义。

下面通过通讯录新建联系人的操作演示 ContentProvider 的使用。

```
private void contactAdd(Context ct, String uName, String uPhone) {
    ContentValues values = new ContentValues();
    /*首先向 RawContacts.CONTENT_URI 插入一个空值，生成一条记录，以便获取 rawContactId*/
    Uri rawContactUri = ct.getContentResolver().insert(
        RawContacts.CONTENT_URI, values);
    //获取上面记录的 rawContactId
    long rawContactId = ContentUris.parseId(rawContactUri);
    //根据 rawContactId 向 data 表插入一条记录
    values.clear();
    //设置账户 ID
    values.put(Data.RAW_CONTACT_ID, rawContactId);
    //设置要添加的数据代表的含义——用户名
    values.put(Data.MIMETYPE, StructuredName.CONTENT_ITEM_TYPE);
    //设置联系人姓名
    values.put(StructuredName.DISPLAY_NAME, uName);
    ct.getContentResolver().insert(android.provider.ContactsContract.Data.
        CONTENT_URI, values);
    //根据 rawContactId 向 data 表插入一条记录，代表电话号码信息
    values.clear();
    values.put(Data.RAW_CONTACT_ID, rawContactId);
    //设置要添加的数据代表的含义——电话号码
    values.put(Data.MIMETYPE, Phone.CONTENT_ITEM_TYPE);
```

```
        //设置联系人的电话号码
        values.put(Phone.NUMBER, uPhone);
        //设置记录代表的含义——电话号码
        values.put(Phone.TYPE, Phone.NUMBER);
        ct.getContentResolver().insert(Data.CONTENT_URI, values);
        Toast.makeText(ct, "添加成功! ", Toast.LENGTH_LONG).show();
    }
```

（4）删除用户名和电话号码

一般按照 data 表中的 raw_contact_id 字段来删除 data 表中的数据，也可以按照联系人姓名或电话号码来删除相应记录。当 data 表中联系人的所有信息都删除后，应该将 raw_contacts 中对应的账号信息的 deleted 字段值设置为 1。在这里只实现 data 表中数据的删除。

```
private void contactDel(Context ct,String uName, String uPhone)
    {
        //删除联系人姓名和电话号码信息
        String where=Phone.NUMBER+"=? or "+Phone.DISPLAY_NAME+"=?";
        String[] args=new String[]{uPhone,uName};
        getContentResolver().delete(android.provider.ContactsContract.Data.CONTENT_URI,
            where, args);
        Toast.makeText(ct, "删除成功! ", Toast.LENGTH_LONG).show();
    }
```

（5）更新用户信息

一般按照 data 表中的 _id 字段来进行数据更新。

```
//调用此函数首先获得要更新的电话号码记录_id，并将要更新的字段及值存在 values 中
private void contactUpdate(Context ct,String data_id,ContentValues values){
    String where= Phone._ID+"=? ";
    String[] args=new String[]{data_id};
    ct.getContentResolver().update(android.provider.ContactsContract.
       Data.CONTENT_URI,values, where, args);
        bindSpinner(getAllContact());
        Toast.makeText(ct, "更新成功! ", Toast.LENGTH_LONG).show();
    }
```

Android 访问权限

9.8 Android 访问权限

为了保证用户隐私和数据的安全性，Android 系统对应用程序访问设备上的某些数据或底层设备接口（如网络、蓝牙、联系人信息等）进行了严格权限限制，从而保证用户的重要数据或设备免遭误访问或修改。Android 系统在运行时会检查用户程序是否有权限访问受保护的数据，如果程序未经许可，系统将报错。当用户在自己的设备上部署应用程序时，如果应用程序注册了访问受保护数据的操作，则 Android 系统会提示用户是否允许应用程序的访问。如果用户不同意，该应用就不能部署到设备上。

如前面讲的拨打电话的实例，当应用程序直接执行时，系统会提示错误，如图 9.11 所示。

分析错误原因时，可以发现 Logcat 中有如下错误信息。

```
Caused by:java.lang.SecurityException: Permission Denial: starting Intent {act=android.
intent.action.CALLdat=tel://10086cmp=com.android.phone/.OutgoingCallBroadcaster}from
ProcessRecord{4603e780277:com.example.ex_intent/10036}(pid=277,uid=10036)requires
android.permission.CALL_PHONE
```

图 9.11　缺少应用授权出现的错误

出现异常错误的主要原因是没有设置应用程序对拨打电话功能的访问权限。应用程序访问权限一般都在 AndroidManifest.xml 中设置，放置在<uses-permission>配置标签中。该配置标签与<application>标签在同一个级别（都在标签<manifest>中），一般<uses-permission>配置信息要放在<application>配置信息之前。

打电话使用许可配置信息如下。

```
<uses-permission android:name="android.permission.CALL_PHONE" />
```

Android 系统中定义了系列许可权限。常用使用许可如表 9.9 所示。

表 9.9　常用使用许可

许可名字	许可功能
android.permission.BLUETOOTH	允许程序同匹配的蓝牙设备建立连接
android.permission.CALL_PHONE	允许程序拨打电话，无须通过拨号器的用户界面确认
android.permission.CLEAR_APP_CACHE	允许用户清除该设备上所有安装程序的缓存
android.permission.CLEAR_APP_USER_DATA	允许程序清除用户数据
android.permission.CONTROL_LOCATION_UPDATES	允许启用/禁止无线模块的位置更新
android.permission.PROCESS_OUTGOING_CALLS	允许程序监视、修改或删除已拨电话
android.permission.READ_INPUT_STATE	允许程序获取当前按键状态
android.permission.RECEIVE_MMS	允许程序处理收到彩信
android.permission.RECEIVE_SMS	允许程序处理收到的短信
android.permission.WRITE_CONTACTS	允许程序写入但不读取用户联系人数据
android.permission.WRITE_SMS	允许程序修改短信
android.permission.DEVICE_POWER	允许访问底层电源管理
android.permission.INTERNET	允许程序打开网络套接字
android.permission.MODIFY_AUDIO_SETTINGS	允许程序修改系统音频设置
android.permission.ACCESS_NETWORK_STATE	允许程序获取网络状态信息
android.permission.BROADCAST_STICKY	允许一个程序广播带数据的 Intents
android.permission.CHANGE_NETWORK_STATE	允许程序改变网络连接状态
android.permission.CHANGE_WIFI_STATE	允许程序改变 Wi-Fi 连接状态
android.permission.READ_CONTACTS	允许程序读取用户联系人数据

本章小结

本章主要讲解了 Activity 的使用方法，包括 Activity 生命周期的含义及状态转换，Activity 的添加以及界面控制方式；Intent 的使用，包括 Intent 的作用和定义、属性控制、传值方式、Intent 过滤设置；广播的应用，通过实例演示了其实现步骤；两种服务调用方式的区别，并通过实例说明其使用方法；介绍了 Content Provider 的基本概念，并以电话联系人的增、删、改、查为例讲解了 Content Provider 的具体使用方法；最后还对 Android 权限访问进行了简单介绍。

习　题

一、填空题

1. Activity 的生命周期包括运行状态、暂停状态、停止状态和（　　）。
2. 当处于暂停状态（Paused）的 Activity 由被覆盖状态回到前台或解锁屏时，系统会调用（　　）方法，再次进入（　　）。
3. Intent 常用属性主要有（　　）、动作、动作的类别、数据、数据 MIME 类型以及附加信息等。
4. 启动一个 Activity 并从新的组件获得返回值所需方法为（　　）。
5. Intent 调用可以分为（　　）和（　　）两种类型。
6. 广播接收端使用（　　）告知系统其可以接收的广播类型。
7. 在 Intent 的 Action 属性中，用来标识应用程序入口的是（　　）。
8. Android 组件中运行于后台，没有界面交互的是（　　）。
9. 使用 Context 的（　　）方法可以启动 Activity。
10. 在 Android 提供的通讯录数据库 contact2.db 中，用于存储联系人详细信息的表是（　　）。

二、选择题

1. 关于 Activity 生命周期的 onCreate()和 onStart()方法说法正确的是（　　）。
A. 当第一次启动的时候先后调用 onStart()和 onCreate()方法
B. 当第一次启动的时候只会调用 onCreate()方法
C. 如果 Activity 已经启动，将先后调用 onCreate()和 onStart()方法
D. 如果 Activity 已经启动，将只调用 onStart()方法
2. 下面不是退出 Activity 方法的是（　　）。
A. finish()　　　　B. System.exit()　　　　C. onStop()　　　　D. 异常强制退出
3. 下面在 AndroidManifest.xml 文件中设置访问网络权限正确的是（　　）。
A. <uses-permission android:name="android.permission.INTERNET">
B. <uses-permission name="android.permission.INTERNET">
C. <uses-permission android:id="android.permission.INTERNET">
D. <uses-permission permission ="android.permission.INTERNET">
4. 对一些资源以及状态的操作保存，最好是保存在生命周期的（　　）函数中进行。

A. onPause()　　　B. onCreate()　　　C. onResume()　　　D. onStart()

5. Android 中属于 Intent 的作用的是（　　）。

A. 实现应用程序间的数据共享

B. Intent 是一段长的生命周期，没有用户界面的程序，可以保持应用在后台运行，而不会因为切换页面而消失

C. 可以实现界面间的切换，可以包含动作和动作数据，连接四大组件的纽带

D. 处理一个应用程序整体性的工作

6. （　　）通常就是一个单独的窗口界面。

A. Activity　　　B. Intent　　　C. Service　　　D. Content Provider

7. 关于 Service 生命周期的 onCreate()和 onStart()，说法正确的是（　　）。

A. 当第一次启动的时候先后调用 onStart()和 onCreate()方法

B. 当第一次启动的时候只会调用 onCreate()方法

C. 如果 Service 已经启动，将先后调用 onCreate()和 onStart()方法

D. 如果 Service 已经启动，只会执行 onStart()方法，不再执行 onCreate()方法

8. 下列关于 ContentProvider，说法错误的是（　　）。

A. ContentProvider 的作用是实现数据共享和交换

B. 要访问 ContentProvider，只需调用 ContentProvider 增、删、改、查的相关方法

C. Content Provider 提供的 URI 必须以 "content://" 开头

D. Android 对于系统里的音视频、图像、通讯录提供了内置的 ContentProvider

三、简答题

描述 Android 中 ContentProvider 的作用。

四、程序设计

设计一个应用，界面中有一个 EditText 控件和一个 Button 控件，当点击按钮时，能够打开在 EditText 中输入的网址。

第 10 章 数据存储之文件形式存储

学习目标
- 了解 Android 中的数据存储方式
- 掌握使用 SharedPreferences 进行数据存储的方法
- 掌握使用普通文件形式存储数据

在应用程序开发中经常需要将处理的数据永久存放起来，Android 提供了 5 种数据存储方式：SharedPreferences 数据存储、文件存储、数据库存储、网络存储和 ContentProvider 数据存储，用户可以根据需要选择不同的存储方式。本章主要介绍前两种方式。

10.1 SharedPreferences 数据存储

SharedPreferences 数据存储

SharedPreferences 数据存储是一种轻量级的数据存储方式，数据以键值对的形式存储在 XML 文件中，主要用于存储一些简单的配置信息、程序运行状态信息等，支持的主要数据类型有 boolean、float、int、long 和 string。针对数据的读和写操作，Android 提供了 SharedPreferences 类和 SharedPreferences.Editor 类接口。为便于描述，我们后面将 SharedPreferences 简称为 SP。

10.1.1 SharedPreferences 类接口

使用 SP 方式操作数据时，首先要通过 Context 的 getSharedPreferences()方法获得 SP 类对象。该函数语法格式如下。

```
SharedPreferences getSharedPreferences (String name, int mode)
```

其中，参数 name 指定操作的文件名称，不带扩展名和路径。系统会使用默认扩展名.xml；文件路径根据应用程序上下文信息判断，一般为 "data/data/[应用程序包名]/shared_prefs/"。

参数 mode 是指文件的操作模式，主要有 MODE_PRIVATE（私有）、MODE_WORLD_READABLE(其他应用可读)和 MODE_WORLD_WRITEABLE(其他应用可写) 三种模式。

获得 SP 类对象后，可以调用该对象提供的方法实现数据的读取功能。SP 类常用方法如表 10.1 所示。

表 10.1　SP 类常用方法

方法	功能描述
contains (String key)	判断是否包含该键键值
edit()	返回 SharedPreferencesEditor 对象
getAll ()	以 Map 形式获得所有键值对
getBoolean (String key, boolean defValue)	根据键名获取一个布尔值
getFloat (String key, float defValue)	根据键名获取一个 float 值
getInt (String key, int defValue)	根据键名获取一个 int 值
getString (String key, String defValue)	根据键名获取一个 String 值
getLong (String key, long defValue)	根据键名获取一个 long 值
registerOnSharedPreferenceChangeListener()	注册监听 preference 发生变化的函数
unregisterOnSharedPreferenceChangeListener()	注销之前注册的监听函数

10.1.2　SharedPreferences.Editor 类接口

SharedPreferences.Editor 类提供了 SP 文件的写操作方法。如果需要对 SP 文件中的数据进行增、删、改、查操作，首先需要通过 SP 对象的 edit()方法获得 Editor 类对象，然后调用该对象方法实现数据的增、删、改、查等功能。SharedPreferences.Editor 类提供的常用方法如表 10.2 所示。

表 10.2　SharedPreferences.Editor 类常用方法

方法	功能描述
clear()	清除所有值
commit()	保存文件
putBoolean(String key, boolean value)	以键对值对方式添加一个布尔值
putFloat(String key, float value)	以键对值对方式添加一个 float 值
putInt(String key,int value)	以键对值对方式添加一个 int 值
putLong(String key, long value)	以键对值对方式添加一个 long 值
putString(String key, String value)	以键对值对方式添加一个 String 值
remove(String key)	删除 key 所对应的值

使用 SP 方式进行数据存储时，需要根据数据的类型调用相应的 SP 对象的 putXXX()方法和 getXXX()方法。

10.1.3　SharedPreferences 操作步骤

SP 文件的存储比较简单，通常会以 XML 方式存储，读写数据时则会以键值对形式操作。具体步骤如下。

（1）使用 getSharedPreferences()方法获得 SP 对象。

（2）使用 SP 对象的 getXXX()方法获取相应数据。

（3）如果要对文件进行写操作，继续下面的步骤。

① 调用 SP 对象的 edit()方法获得 SharedPreferences.Editor 对象 spe。
② 使用对象 spe 的 putXXX()方法向 Editor 对象添加数据或使用 remove()方法删除数据。
③ 调用 spe 的 commit()方法将修改后的数据写入 XML 文件。

10.1.4 SharedPreferences 实例

下面通过一个简单实例说明 SP 文件的数据增、删、改、查操作。

界面 MainActivity 布局设计如下。

```xml
<LinearLayout xmlns:android="http://schemas.android.com/apk/res/android"
    xmlns:tools="http://schemas.android.com/tools"
    android:id="@+id/LinearLayout1"
    android:layout_width="match_parent"
    android:layout_height="match_parent"
    android:orientation="vertical"
    tools:context=".MainActivity" >
    <TextView
        android:id="@+id/textView1"
        android:layout_width="wrap_content"
        android:layout_height="wrap_content"
        android:text="键名" />
    <EditText
        android:id="@+id/edtKey"
        android:layout_width="match_parent"
        android:layout_height="wrap_content"
        android:ems="10" >
        <requestFocus />
    </EditText>
    <TextView
        android:id="@+id/textView2"
        android:layout_width="wrap_content"
        android:layout_height="wrap_content"
        android:text="键值" />
    <EditText
        android:id="@+id/edtValue"
        android:layout_width="match_parent"
        android:layout_height="wrap_content"
        android:ems="10" />
    <LinearLayout
        android:layout_width="match_parent"
        android:layout_height="wrap_content"
        android:orientation="horizontal" >
        <Button
            android:id="@+id/btnRead"
            android:layout_width="wrap_content"
            android:layout_height="wrap_content"
            android:onClick="click"
            android:text="读数据" />
        <Button
            android:id="@+id/btnEdit"
            android:layout_width="wrap_content"
            android:layout_height="wrap_content"
            android:onClick="click"
```

```xml
            android:text="写数据" />
        <Button
            android:id="@+id/btnDelete"
            android:layout_width="wrap_content"
            android:layout_height="wrap_content"
            android:onClick="click"
            android:text="删除数据" />
    </LinearLayout>
</LinearLayout>
```

MainActivity 类的主要代码实现如下。

```java
package cn.edu.dzu.sharedpreferencesexample;
import android.app.Activity;
import android.content.SharedPreferences;
import android.os.Bundle;
import android.view.View;
import android.widget.EditText;

public class MainActivity extends Activity {
    EditText edtkey, edtValue;
    final String FileName = "sport";

    @Override
    protected void onCreate(Bundle savedInstanceState) {

        super.onCreate(savedInstanceState);
        setContentView(R.layout.activity_main);
        init();
    }
    private void init () {
        edtkey = (EditText) findViewById(R.id.edtKey);
        edtValue = (EditText) findViewById(R.id.edtValue);
    }
    public void click (View v){
        String txtKey, txtValue;
        int vid = v.getId();
        txtKey = edtkey.getText().toString();
        // 获得 SharedPreferences 对象
        SharedPreferences spf = getSharedPreferences(FileName, MODE_PRIVATE);
        SharedPreferences.Editor editor;
        switch (vid) {
            case R.id.btnRead: // 实现数据按键名查询功能
                // 根据键名获得键值
                txtValue = spf.getString(txtKey, "");
                edtValue.setText(txtValue);
                break;
            case R.id.btnEdit: // 实现数据编辑保存功能
                txtValue = edtValue.getText().toString();
                editor = spf.edit(); // 获得 Editor 对象
                // 向 Editor 对象添加键值对
                editor.putString(txtKey, txtValue);
                editor.commit();
                break;
            case R.id.btnDelete: // 实现数据删除功能
```

```
            editor = spf.edit();
            editor.remove(txtKey); // 根据键名移除数据
            editor.commit();
            break;
        }
    }
}
```

SharedPreferences 运行效果如图 10.1 所示。

图 10.1　SharedPreferences 运行效果

文件存储

10.2　文件存储

SharedPreferences 数据存储只能操作简单的数据，对于数据量较大，无结构数据（如图片、音频、视频等）一般使用文件存储方式。Android 有两种文件存储位置：内部存储和外部存储。内部存储是指内置的不可拆解的存储器，外部存储是指可移除的存储介质（如 SD 卡）。现在很多设备把内置存储空间的一部分划分出来作为"外部存储"使用，因此在某些设备上就算没有可移除的存储介质，用户也可以访问"外部"存储空间。当用户使用计算机连接到 Android 设备或移除外部存储时，外部存储将不能被 Android 应用访问。

10.2.1　常用文件操作函数

Android 文件操作方法与 Java 语言中的文件操作基本类似。在进行文件操作时，经常用到文件管理类 File、数据流输出类 FileOutputStream 和数据流输入类 FileInputStream 等。另外，Android 也提供了一些自己专用的文件操作类，下面简单介绍相关类的使用。

1. File 类常用函数

与 Java 语言中文件操作一样，Android 中文件操作也要用到 File 类，该类的使用与 Java 语言中的使用基本没有区别。File 类常用函数如表 10.3 所示。

表 10.3　File 类常用函数

函数	含义
File(String dirPath, String name)	构造函数，根据给定的路径和文件名称字符串构造一个文件对象
File(File dir, String name)	构造函数，根据给定的路径和文件名称字符串构造文件对象
File(String path)	构造函数，根据给定的字符串构造一个文件对象
String getAbsolutePath()	返回文件对象的路径字符串
boolean mkdir()	建立文件夹，只能在已存在文件夹下建立直接子文件夹

续表

函数	含义
boolean mkdirs()	建立文件夹，可以建立文件夹所需的中间路径文件夹
boolean exists()	判断文件或文件夹是否已经存在
boolean createNewFile()	建立一个新的空文件
long getFreeSpace()	获得可用空间大小

2. FileOutputStream 类常用函数

Android 文件的输出操作与 Java 语言中文件输出操作一样，也是将字节数组中的内容以流的方式写入文件中。该操作主要使用 FileOutputStream 类。FileOutputStream 类常用函数如表 10.4 所示。

表 10.4 FileOutputStream 类常用函数

函数	含义
FileOutputStream (String fName)	构造函数，构建一个可以向文件进行写操作的输出流对象，如果文件存在，则覆盖原有内容；如果文件不存在，则新建
FileOutputStream (String fName, boolean append)	构造函数，构建一个可以向文件进行写操作的输出流对象，如果 append 为 true 则为文件追加方式，否则为文件覆盖方式；如果文件不存在，则新建
void write (byte[] buffer)	将 buffer 中的数据写入文件
void close()	关闭输出流

3. FileInputStream 类常用函数

Android 文件读取与传统的 Java 一样，是以文件流的方式将文件内容输出到字节数组中，该操作主要使用 FileInputStream 类来完成。FileInputStream 类常用函数如表 10.5 所示。

表 10.5 FileInputStream 类常用函数

函数	含义
FileInputStream(String fName)	构造函数，构建一个可以读取文件的输入流
int read (byte[] buffer)	将输入流中数据写入 buffer
void close()	关闭输入流

10.2.2 内部存储

内部存储（Internal Storage）主要用于存储应用程序的私有数据，其他应用程序无法访问该应用程序存放在内部存储空间的私有数据。应用程序可以直接访问自己所属的内部存储，无须权限声明；但当应用程序卸载时，该应用程序存储在内部存储的所有数据都将被删除。内部存储方式文件保存的路径为"/data/data/包名/files/"。

内部存储一般使用 Context 类提供的函数进行操作。内部存储操作常用函数如表 10.6 所示。

表 10.6 内部存储常用操作函数

函数名	含义
File getFilesDir()	获得应用程序内部存储使用的绝对路径，返回一个 File 类型对象
FileInputStream openFileInput (String name)	根据文件名建立一个文件输入流
FileOutputStream openFileOutput (String name, int mode)	根据文件名建立一个文件输出流，在内部存储中 mode 默认取值为 MODE_PRIVATE，如果文件不存在，将在应用程序默认内部存储区建立新的文件；如果文件存在，则替换原有文件；如果想在文件末尾添加内容，则 mode 取值为 MODE_APPEND
String[] fileList()	显示与应用程序上下文关联的文件列表，返回一个字符数组
boolean deleteFile(String name)	删除指定文件

Android 文件读写以流的方式进行，因此，在进行文件写操作时要用 FileOutputStream 类来处理输出流，在进行文件读操作时要用到 FileInputStream 类来处理输入流。下面通过一个内部存储文件操作的实例来说明内部存储文件的操作步骤。

编写一个应用，实现显示当前应用程序内部存储的文件、查看内部存储的实际路径，对指定的文件名进行文件读写或者删除，如图 10.2 所示。

图 10.2 内部存储文件操作实例

本例中用到以下控件。

（1）2 个 EditText 控件，分别用于编辑新建文件名和文件内容，分别命名为 edtFileName 和 edtContent。

（2）1 个 Spinner 控件，用于显示内部存储文件的列表，命名为 spFilelist。

（3）4 个按钮，用于触发不同的事件，在 Layout 布局文件中设置 4 个按钮的 OnClick 事件，都设置为 android:onclink="click"。

主要代码如下。

```
public class MainActivity extends Activity {
    EditText edtFileName, edtContent;
    Spinner spFilelist;
    @Override
    protected void onCreate(Bundle savedInstanceState) {
        super.onCreate(savedInstanceState);
```

```java
        setContentView(R.layout.activity_main);
        init();   //初始化控件
    }
    private void init() {
        edtFileName = (EditText) findViewById(R.id.edtFileName);
        edtContent = (EditText) findViewById(R.id.edtContent);
        spFilelist = (Spinner) findViewById(R.id.spListFile);
        dataBind();    //绑定Spinner控件，用于文件列表

    }
    public void click(View v) throws Exception {
        int vid = v.getId();
        String str = "";
        String fName = edtFileName.getText().toString();
        // 如果文件名文本框内容不为空，以文本框内容作为文件名
        // 否则，文件名取Spinner控件中的值
        if (TextUtils.isEmpty(fName)) {
            fName = spFilelist.getSelectedItem().toString();
        }
        switch (vid) {
            case R.id.btnRead:     //读文件
                readFile(fName);
                break;
            case R.id.btnWrite:    //写文件
                writeFile(fName);
                break;
            case R.id.btnFilepath:   //获得内部存储路径
                getFilepath();
                break;
            case R.id.btnDeleteFile:   //删除文件
                removeFile(fName);
                break;
        }
    }
    /**
     * 自定义功能函数,获得应用程序内部存储文件列表
     */
    private void dataBind() {
        String[] files = fileList();  //获得内部存储文件列表
        ArrayAdapter<String> adapter = new ArrayAdapter<String>(this,
                android.R.layout.simple_spinner_item, files);
        adapter.setDropDownViewResource(
                android.R.layout.simple_spinner_dropdown_item);
        spFilelist.setAdapter(adapter);
    }
    private void readFile(String fName) throws Exception {
        String str = "";
        try {
            FileInputStream fis = openFileInput(fName);//获得文件输入流
            byte[] buffer = new byte[fis.available()];  //定义字节缓冲区
            fis.read(buffer);       //将数据读到缓冲区
            fis.close();            //关闭文件输入流
```

```java
                str = new String(buffer);         //将缓冲区内容转换为字符串
                edtContent.setText(str);          //将文件内容显示在文件内容文本框
            } catch (Exception e) {
                e.printStackTrace();
            }
        }
        private void writeFile(String fName) throws Exception {
            String string = edtContent.getText().toString();
            try {
                //获得输出流
                FileOutputStream fos = openFileOutput(fName, MODE_APPEND);
                fos.write(string.getBytes()); //将文本内容转换为字节数组后输出
                fos.close();          //关闭输出流
                edtContent.setText("");
                edtFileName.setText("");
                dataBind();
            } catch ( Exception e) {
                e.printStackTrace();
            }
        }
        private void getFilepath() {
            String path = getFilesDir().getPath();
            edtContent.setText(path);
        }
        private void removeFile(String fName) throws Exception {
            deleteFile(fName);
            dataBind();
        }
    }
```

10.2.3 外部存储

外部存储（External Storage）既可以是可移动的存储介质（如 SD 卡），也可以是用作"外部存储"的部分内置存储空间。外部存储分为公有目录和私有目录：公有目录可以被所有应用访问，不会因为应用程序的卸载而被删除，如系统存放音乐、下载文件等目录；私有目录属于对应的应用程序所有，当应用程序卸载时，属于该应用程序的外部存储空间的数据也将被删除。当用户使用计算机连接 Android 设备或外部存储介质被移除时，应用程序将不能再访问自己的外部存储数据。在 Android 4.4 版本之前，应用程序访问属于它本身的外部存储时，需先在 AndroidManifest.xml 中进行权限声明，读写权限分别为 READ_EXTERNAL_STORAGE 和 WRITE_EXTERNAL_STORAGE。

声明权限代码如下：

```xml
<uses-permission android:name="android.permission.READ_EXTERNAL_STORAGE"/>
<uses-permission android:name="android.permission.WRITE_EXTERNAL_STORAGE"/>
```

Android 4.4 版本之后，应用程序访问属于它本身的外部存储时不用再进行权限声明。

1. 外部存储常用函数

（1）String Environment.getExternalStorageState()

该方法返回外部存储设备的当前状态。外部存储设备的当前状态值如表 10.7 所示。

表 10.7　外部存储设备的当前状态值

状态值	含义	可读	可写
MEDIA_MOUNTED	SD 卡正常挂载	是	是
MEDIA_REMOVED	无介质	否	否
MEDIA_UNMOUNTED	有介质，未挂载，在系统中删除	否	否
MEDIA_BAD_REMOVAL	介质在挂载前被移除，直接取出 SD 卡	否	否
MEDIA_CHECKING	正在进行介质检查，刚装上 SD 卡时	否	否
MEDIA_SHARED	SD 卡存在，但没有挂载，一般是设备连接计算机，使用 USB 大容量存储共享方式打开存储	否	否
MEDIA_MOUNTED_READ_ONLY	SD 卡存在并且已挂载，但挂载方式为只读	是	否
MEDIA_NOFS	介质存在，但为空白的，或使用不支持的文件系统	否	否
MEDIA_UNMOUNTABLE	存在 SD 卡但不能挂载，如介质损坏	否	否

（2）File Environment.getExternalStorageDirectory()

该方法返回包括外部存储设备根路径信息的 File 类型对象，可通过 File 类的 getAbsolutePath() 方法获得文件的绝对路径字符串。绝对路径一般为 "/mnt/SDCard/"。

（3）File Context.getExternalFilesDir(String type)

该方法返回包含应用程序所属的私有外部存储空间路径信息的 File 类型对象，用于存储应用程序的私有文件，这些文件不可被用户的其他应用程序访问。当应用程序卸载时，该空间的数据将被删除。如果 type 取值为 null，路径一般为 "/mnt/SDCard/Android/data/包名/files/"；如果获得子路径，type 取值为相应子路径的字符串。

（4）File Environment.getExternalStoragePublicDirectory(String type)

该方法根据 type 返回包含相应公共外部存储空间路径信息的 File 类型对象，如照片、视频等的公共外部存储位置。type 的可能取值有 DIRECTORY_MUSIC、DIRECTORY_PODCASTS、DIRECTORY_RINGTONES、DIRECTORY_ALARMS、DIRECTORY_NOTIFICATIONS、DIRECTORY_PICTURES、DIRECTORY_MOVIES、DIRECTORY_DOWNLOADS、DIRECTORY_DCIM。

注意：Environment 类的成员函数主要操作外部存储空间的公共文件，Context 类的成员函数操作有关当前应用程序在外部存储中的文件。

2. 外部存储实例

编写一个存储空间操作应用，其运行效果如图 10.3 所示。实现获得外部存储的根目录、应用程序的外部存储的根目录、公共外部存储中的照片文件目录的功能，并可以在私有外部存储空间中建立目录。

（1）声明外部存储使用权限

使用外部存储必须在 AndroidManifest.xml 中声明外部存储使用权限，其代码如下。

```
<uses-permission android:name="android.permission.READ_EXTERNAL_STORAGE"/>
<uses-permission android:name="android.permission.WRITE_EXTERNAL_STORAGE"/>
```

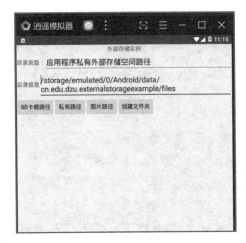

图 10.3　外部存储实例运行效果

（2）判断外部存储设备状态

在对外部设备操作时，首先调用 getExternalStorageState()方法获得外部存储状态，然后根据状态值判断外部设备是否可用，如果状态值为 MEDIA_MOUNTED，外部设备可读可写；如果状态值为 MEDIA_MOUNTED_READ_ONLY，只可以读；如果为其他状态，则不可操作外部存储设备。

具体实现代码如下。

```
import android.app.Activity;
import android.os.Bundle;
import android.os.Environment;
import android.view.View;
import android.widget.EditText;
import java.io.File;
public class MainActivity extends Activity {
    EditText edtFName,edtContent;     //分别代表文件名和显示信息控件
    @Override
    protected void onCreate(Bundle savedInstanceState) {
        super.onCreate(savedInstanceState);
        setContentView(R.layout.activity_main);
        edtFName=(EditText)findViewById(R.id.edtFName);
        edtContent=(EditText)findViewById(R.id.edtFContent);
    }

    /**
     * 判断外部存储是否可写
     */
    public boolean isExternalStorageWritable() {
        //获得外部存储状态
        String state = Environment.getExternalStorageState();
        if (Environment.MEDIA_MOUNTED.equals(state))
        {  return true;   }
        else
        {return false;}
    }
    /**
     * 判断外部存储是否可读
```

```java
        */
        public boolean isExternalStorageReadable() {
            String state = Environment.getExternalStorageState();
            if (Environment.MEDIA_MOUNTED.equals(state)
                    Environment.MEDIA_MOUNTED_READ_ONLY.equals(state))
            {return true; }
            else
            { return false;      }
        }
        public void click(View v){
            int vid=v.getId();
            File file= null;;
            if (isExternalStorageReadable()) {

            }else {
                edtContent.setText("外部存储不可用");
                return;
            }
            switch (vid)
            {
                case R.id.btnRoot: //获得SD卡的根路径
                    file = Environment.getExternalStorageDirectory();
                    if (file != null) {
                        String rootPath = file.getAbsolutePath();
                        edtContent.setText(rootPath);
                    }
                    break;

                case R.id.btnPrivatePath://获得应用程序私有外部存储空间路径
                    file = getExternalFilesDir(null);
                    if (file != null) {
                        String privatePath = file.getAbsolutePath();
                        edtContent.setText(privatePath);
                    }
                    break;
                case R.id.btnPicPath:
                    file = Environment.getExternalStoragePublicDirectory(
                        Environment.DIRECTORY_PICTURES);
                    if (file != null) {
                        String picPath = file.getAbsolutePath();
                        edtContent.setText(picPath);
                    }
                    break;
                case R.id.btnCreateFolder: //在应用程序私有外部存储空间建立文件夹
                    file = getExternalFilesDir(null); //获得私有空间路径
                    //在file所对应的文件夹中根据文件名建立文件
                    File folder = new File(file, edtFName.getText().toString());
                    try {
                        if (!folder.exists()) { //同名文件夹不存在
                            if (!folder.mkdir()) {
                                edtContent.setText("文件夹建立失败！");
                            } else {
                                edtContent.setText("文件夹建立成功！");
                            }
                        } else {
```

```
                    edtContent.setText("文件夹已经存在！");
                }
            } catch (Exception ex) {
            }
            break;
        }
    }
}
```

本 章 小 结

本章主要介绍 Android 中常用的两种永久性存储数据的方式。介绍了最简单的数据存储方式 SharedPreferences，它主要以键值对的方式存储数据；还介绍了内部存储和外部存储方式，告诉读者该如何以文件方式访问 Android 中的数据。

习　　题

一、填空题

1. SharedPreferences 最终的存储形式是（　　　　）文件。

2. 使用 SharedPreferences 方式操作数据时，首先要通过 Context 的（　　　　）函数获得 SharedPreferences 类对象。

二、选择题

1. 下面关于 SharedPreferences 的表述正确的是（　　　）。

A. SharedPreferences pref=new SharedPreferences()

B. Editor editor=new Editor()

C. SharedPreferences.apply()操作会马上将数据写入磁盘文件

D. Editor 对象存储数据最后都要调用 commit()方法

2. 下面关于 Android 数据存储方式描述错误的是（　　　）。

A. Android 可以采用 SharedPreferences 数据存储

B. Android 文件存储形式中，用户只能访问外部存储

C. Android 可以使用数据库存储

D. Android 可以采用 ContentProvider 存储数据

3. 关于 Android 中文件操作描述正确的是（　　　）。

A. Android 应用只能访问本应用程序的文件

B. Android 应用可以获得图片、音频等公共存储空间中的文件

C. Android 应用能够读取其他应用程序空间中的文件

D. Android 应用能够修改其他应用程序空间中的文件

三、编程题

根据所学的 Android 文件操作知识，实现一个记事本功能的 App。

第 11 章　数据存储之数据库存储

学习目标

- 熟悉 SQLite 数据库
- 掌握 SQLite 数据库的基本操作方法

在 Android 系统中，很多数据需要存储到本地数据库。普遍使用的本地数据库是 SQLite。SQLite 是一款轻型的、开源的关系数据库。该数据库系统运行文件非常小，只有 500KB 左右，运行速度非常快，并且不需安装配置，支持多种开发语言（如 C、PHP、Perl、Java、C#等）。

11.1　SQLite 数据库简介

SQLite 主要支持的数据类型有 null、integer、real、text、blob 这 5 种。SQLite 与其他常见的数据库管理系统（Database Management System，DBMS）的最大不同是它对数据类型的支持。其他常见的 DBMS 通常支持强类型的数据，也就是每一列的类型都必须预先指定；SQLite 采用的是弱类型的字段，字段类型会根据存入值自动判断。建表时虽然指定了字段的数据类型，但实际操作时可以存入任何类型。例如，可以把一个字符串（String）存入 integer 类型字段。但整型的主键列（Integer Primary Key）则只能存储整型数据，在存储其他类型数据时，会报 "datatype missmatch" 错误。

为了与其他 DBMS（以及 SQL 标准）兼容，在定义字段类型时，SQLite 利用列相似性（Column Affinity）方法来兼容其他常见数据类型。如果字段类型中包含 "int" 字符串，则将字段转换为 integer 类型；如果字段类型中包含 "char" "text" 或 "blob"，则将字段类型转换为 text 类型；如果数据类型包含 "real" "double" 或 "float"，则将字段类型转换为 text 类型；如果数据类型包含 "number" "decimal" "boolean" "date" "time"，则根据具体存入的数据值来确定使用哪种类型。

SQLite 数据库简介

11.2　SQLite 数据库常用命令

Android 开发工具包 SDK 中包含 SQLite 工具，其所在位置为 "SDK\tools\ sqlite3.exe" 或 "sdk\platform-tools\sqlite3.exe"。可以在命令窗口通过执行 sqlite3.exe 打开并运行 SQLite 数据库。在运行 sqlite3.exe 时可以指定数据库所在位置和数据库名称，如果指定的数

SQLite 数据库常用命令

据库不存在，则新建数据库；如果存在，则打开数据库。

```
sqlite3 d:\database\test.db
```

SQLite 数据库系统提供了较为丰富的指令，执行指令的命令一般以字符"."开头，如查看数据库文件信息命令 database，执行时需要在 database 前添加字符"."，即：

```
sqlite>.database
```

常用 SQLite 指令如表 11.1 所示。

表 11.1 常用 SQLite 指令

指令	含义
.schema	查看所有表的创建语句
.schema table_name	查看指定表的创建语句
.dump table_name	以 SQL 语句的形式列出表内容
.help	输出帮助信息
.quit 或.exit	退出 SQLite 终端命令

在 SQLite 中可以运行常用的 SQL 语句（如建表、删除表及数据的增、删、改、查等）时，命令前面不用加字符"."，每条命令以";"结束。下面为定义一个具有自增长主键列_id 的学生表 stuinfo 的语句。

```
create table stuinfo(_id integer PRIMARY KEY AUTOINCREMENT,sno integer, sname text,sex text,sdept text);
```

11.3 SQLite 数据库操作

SQLite 数据库操作

Android 开发工具包 SDK 提供了创建和使用 SQLite 数据库的操作类——SQLiteDatabase 类。另外，为便于数据库的控制，还提供了一个数据库操作帮助类 SQLiteOpenHelper，通过继承该类可以方便地实现数据库的建立、版本控制、数据库的打开和控制。

1. SQLiteDatabase 类

SQLiteDatabase 类是 Android 操作数据库的主要类，该类提供了执行数据库操作的所有函数接口。下面介绍常用的 SQLiteDatabase 类的函数。

（1）数据库打开或建立函数

```
SQLiteDatabase openOrCreateDatabase(String path,CursorFactory factory)
```

该函数主要用于数据库的打开和建立，如果给定的路径下的数据库存在则打开，如果不存在则建立。参数说明如下。

① path：要使用的数据库的路径及数据库名。

② factory：游标工厂对象，一般为空。

示例如下。

```
SQLiteDatabase db=openOrCreateDatabase("student",null);
```

（2）不带参数的 SQL 语句执行函数

```
void execSQL(String sql)
```

该函数用于执行无参数的 SQL 语句。例如，数据表的建立（create table）语句，数据的增（insert）、删（delete）、改（update）等语句。

示例如下。

```
String sql="delete from stuinfo where sno=10001";
db.execSQL(sql);
```

（3）带参数的 SQL 语句执行函数

```
void execSQL(String sql, Object[] bindArgs)
```

该函数用于执行有参数的 SQL 语句，参数使用占位符 "?"，参数对应的值放在一个 Object 类数组中。

示例如下。

```
String sql="delete from stuinfo where sno=?";
Object[] args=new Object[]{1001};
db.execSQL(sql,args);
```

（4）原生查询函数

```
Cursor rawQuery(String sql, String[] selectionArgs)
```

该函数用于执行查询 SQL 语句，参数使用占位符 "?"，参数对应的值放在一个 String 类数组中。如果语句中没有参数，第二个参数用 null 代替。

示例如下。

```
String sql="select * from stuinfo where sno=?";
String[] args=new String[]{1001};
Cursor cursor= db.rawQuery(sql, args);
```

（5）数据库关闭函数

```
void close()
```

该函数用于关闭打开的数据库对象。

（6）插入记录函数

SQLiteDatabase 类为数据的增、删、改、查提供了另外一些实现函数。这些函数不用用户构造 SQL 语句，只要提供表名、数据集合、操作条件等参数即可。这些函数还会根据参数自动构造 SQL 语句，并且具有返回值。

```
public long insert(String table, String nullColumnHack, ContentValues values)
```

其参数说明如下。

① table：要操作的数据表的名称。

② nullColumnHack：当插入数据时，对没有值的字段设置的默认值，一般为 null。

③ values：ContentValues 类对象，该对象类似封装了列名和列值的 Map 键值对。插入成功返回插入数据的 row ID，否则返回-1。

向 stuinfo 表中添加一条信息的代码如下。

```
ContentValues cv=new ContentValues();
cv.put("sno","201000101");
cv.put("sname", "张三");
```

```
cv.put("age",20);
db.insert("stuinfo", null, cv);
```

(7)删除记录函数

```
int delete(String table,String whereClause,String[] whereArgs)
```

该函数的返回值为删除的记录个数。

其参数说明如下。

① table：要操作的数据表的名称。

② whereClause：条件语句，如果删除所有，则取值为 null。

③ whereArgs：参数 whereClause 中对应的占位符的取值。

这三个参数在下面的 update()和 select()函数中也会用到，含义相同，不再详述。

```
int rc=db.delete("stuinfo","sno=?",String[]{"201000101"})
```

(8)更新记录

```
int update(String table, ContentValues values, String whereClause, String[] whereArgs)
```

该函数的返回值为更新的记录个数。ContentValues 对象封装了要更新的列名和列值。

将学号为 201000101 的学生的姓名改为马三，年龄改为 22，代码如下。

```
ContentValues cv=new ContentValues();
cv.put("sname", "马三");
cv.put("age",22);
db.update("stuinfo" , cv, "sno=?",String[]{"201000101"});
```

(9)查询记录

```
Cursor
query(String table, String[] columns,String whereClause,String[] whereArgs,String groupBy,
String having,String orderBy)
```

该函数会返回一个游标对象。

相关参数说明如下。

① columns：要查询的列名数组，如果查询所有列则取值为 null。

② groupBy：分组列名。

③ having：分组条件。

④ orderBy：排序列。

返回所有学生的学号、姓名，可以用如下代码。

```
Cursor cursor=db.query("stuinfo",new String[]{"sno","sname"},null,null,null,null,null);
```

查询结果的返回值为游标对象。游标对象就是一个数据缓冲区，存放 SQL 语句的执行结果。游标类提供了丰富的方法用于检索与访问查询结果集，游标类使用后一定要关闭。游标类常用方法如表 11.2 所示。

表 11.2 游标类常用方法

方法	功能描述
int getColumnCount()	返回 Cursor 中列的个数
int getColumnIndex(String columnName)	返回 Cursor 中对应字段的列序号
int getCount()	返回 Cursor 中的数据行数
boolean move(int offset)	以当前的位置为基准，将 Cursor 移动到偏移量为 offset 的位置。offset 为正值时，游标向前移动；offset 为负值时，向后移动。若移动成功返回 true，失败则返回 false
boolean moveToPosition(int position)	将 Cursor 移动到绝对位置 position 位置，若移动成功返回 true，失败返回 false
boolean moveToNext()	将 Cursor 向前移动一个位置，成功返回 true，失败则返回 false。其功能等同于 move(1)
boolean moveToLast()	将 Cursor 移动到最后一条记录，成功返回 true，失败则返回 false
boolean moveToFirst()	将 Cursor 移动到第一条记录，成功返回 true，失败则返回 false。其功能等同于 moveToPosition(1)
boolean isBeforeFirst()	判断 Cursor 是否指向第一条数据之前。若指向第一条数据之前，返回 true；否则返回 false
boolean isAfterLast()	判断 Cursor 是否指向最后一条数据之后。若指向最后一条数据之后，返回 true；否则返回 false
boolean isClosed()	判断 Cursor 是否关闭。若 Cursor 关闭，返回 true；否则返回 false
boolean isFirst()	判断 Cursor 是否指向第一条记录
boolean isLast()	判断 Cursor 是否指向最后一条记录
boolean isNull(int columnIndex)	判断当前行 columnIndex 列的列值是否为 null
int getCount()	获取当前表的行数，即记录总数
int getInt(int columnIndex)	获取指定列索引的 int 类型值
int getString(int columnIndex)	获取指定列索引的 String 类型值
XXX getXXX(int columnIndex)	获取当前行中 columnIndex 列的列值，XXX 代表首字母大写后的类型名（String、Int、Short、Long、Float、Double、Blob），如 getInt(3)

如果要依次遍历上面获得的 Cursor 结果集，可使用如下代码。

```
while(cursor. moveToNext){   //循环访问游标各行数据
//如果要获得字段值，首先根据字段名获得字段对应列序号
String sno=cursor.getString(cursor. getColumnIndex("sno"));
String sname= cursor.getString(cursor. getColumnIndex("sname"));
System.out.println("\n sno: "+sno+";  sname: "+sname);
}
cursor.close();
```

2. SQLiteOpenHelper 类

SQLiteOpenHelper 类是 SQLite 数据库辅助类，使用该类可以方便地管理 SQLite 数据库的创建和版本更新。通过实现 SQLiteOpenHelper 类，可以隐藏用户在使用数据库时判断数据库是否已经建立、是否需要升级等问题。通过实现该类的相关方法可实现数据库的建立、更新、关闭、打开等操作。下面介绍常用的函数。

（1）数据库基本信息函数

```
public DatabaseHelper(Context context, String name, CursorFactory factory, int version)
```

所有继承了 SQLiteOpenHelper 类的类都必须实现这个构造函数。这个函数主要用于指定调用数

据库的应用程序上下文信息、数据库名及数据库的当前版本信息。

其参数说明如下。

① context：上下文对象，通过上下文信息判断应用程序的数据库存储位置。

② name：数据库的名称。

③ factory：游标工厂类对象，一般为 null。

④ version：当前数据库的版本，其值必须是整数并且是递增的状态。

如果当前传入的数据库版本号比上一次创建的版本高,SQLiteOpenHelper 类就会调用 onUpgrade() 函数。

（2）创建或打开只读数据库对象

```
SQLiteDatabase getReadableDatabase()
```

该函数创建或打开一个只读数据库，可利用返回的 SQLiteDatabase 对象对数据库进行读操作。

（3）创建或打开可写数据库对象

```
SQLiteDatabase getWritableDatabase()
```

该函数创建或打开一个可以读写的数据库，可利用返回的 SQLiteDatabase 对象对数据库进行读写操作。

（4）数据库初始化函数

```
void onCreate(SQLiteDatabase db)
```

一般将数据表的建立功能放在该函数中。如果 DatabaseHelper() 函数中指定的数据库不存在，系统自动调用该函数初始化数据库；如果数据库已经存在，则不自动执行该函数。

（5）数据库版本更新函数

```
void onUpgrade(SQLiteDatabase db,int oldVersion, int newVersion)
```

一般将数据库表的升级操作放在该函数中。当系统打开数据库时发现使用版本号大于原来数据库版本号，将自动调用该函数。

11.4　Android 中的 MVC 数据库编程

Android 中的 MVC 数据库编程

1. MVC 框架

MVC（Model-View-Controller）：Model 是指逻辑模型，View 是指视图模型，Controller 是指控制模型。使用 MVC 的目的是将 Model 层和 View 层的实现代码分离，从而使同一个程序可以使用不同的表现形式；而 Controller 存在的目的则是确保 Model 层和 View 层的同步，一旦 Model 层改变，View 层应该同步更新。MVC 编程方式把应用程序的 Model 层与 View 层完全分开，这样程序员可以全身心投入 Model 层开发，界面设计人员可以只专注 View 层开发。

在 Android 开发中，鼓励使用 MVC 开发模式，这样有利于团队开发。

下面介绍 MVC 架构在 Android 开发中的使用。

（1）视图（View）层。View 层对应 Android 编程中的 Layout，一般采用 XML 文件进行界面的描述。

（2）控制（Controller）层。Controller 层对应 Android 的 Activity，用于负责控制 Model 层与 View 层的数据转换和传递。

（3）模型（Model）层。对数据处理或网络的操作一般都放在 Model 层。在对数据库操作中，一般会将 Model 层进一步划分，不同的开发模型进一步划分的层次不一样。其中，最简单的是划分为数据访问对象（Data Access Object，DAO）和实体类（Entity Class）。

2. Android MVC 框架编程流程

Android 中使用 MVC 架构进行数据库编程的操作流程一般如下。

（1）建立一个继承 SQLiteOpenHelper 类的数据库帮助类。

（2）定义对应数据表的实体（Entity）类。

（3）定义数据库表访问类 DAO，该类调用数据库帮助类获得数据库对象，然后实现数据库的增、删、改、查方法。

（4）设计 Layout 布局。

（5）实现 Activity，在 Activity 中调用实体类，实现数据在 View 层和 Model 层的传递。

3. 数据表信息的列表形式显示

数据表信息的列表显示可以使用 ListView 实现。使用 ListView 进行信息显示，首先需要定义合适的适配器 Adapter。ArrayAdapter 适配器只能进行单列数据显示；如果要进行多列数据显示，一般使用 SimpleAdapter 适配器、SimpleCursorAdapter 适配器或 BaseAdapter 适配器。这里使用 SimpleAdapter 适配器。

SimpleAdapter 适配器一般由布局文件和数据源两部分组成。布局文件用于定义每行数据的显示样式及数据对应的控件；数据源一般以 List 的形式提供，List 中的数据一般是 Map 键值对。其常用构造函数定义如下。

```
SimpleAdapter(Context context, List<? extends Map<String, ?>> data, int resource,
    String[] from, int[] to)
```

其参数说明如下。

（1）context：上下文信息。

（2）data：要显示的数据列表。

（3）resource：用户定义的布局文件 id；

（4）to 数组：布局文件中的控件 id 的集合。

（5）from 数组：参数 data 中的键名集合，依次对应 to 数组中控件要显示的数据源。

4. Android MVC 框架数据库编程实例

下面通过实例来讲解 Android 中 MVC 框架数据库编程，该实例完成对学生数据库 Student.db 中 Student 表的增、删、改、查。在 Android 项目中，操作步骤如下。

（1）建立一个继承 SQLiteOpenHelper 类的数据库帮助类 DBHelper

建立的 DBHelper 类会自动生成一个与 SQLiteOpenHelper 类的构造函数对应的构造函数 DBHelper(Context context, String name, CursorFactory factory, int version)，用于指定数据库的名称、版本信息以及应用程序的上下文信息。数据库名和版本可以在该类中以静态成员对象的形式定义，上下文信息可以在数据访问类调用本类时通过参数传递方式获得，游标工厂类对象一般不使用（可以使用 null 值），这样 DBHelper 类实际只需要调用对象传递一个上下文信息即可。因此，可以建立一个只接收上下文信息的构造函数 DBHelper(Context context)。该类的具体实现如下。

```java
public class DBHelper extends SQLiteOpenHelper {
    Context ctx = null;  //用于存放上下文信息
    private static final String DBName = "StudentDB.db";  //数据库名称
    static int Ver = 1;   //数据库版本信息
    String DB_create = "create table student( _id integer  PRIMARY KEY AUTOINCREMENT," +
        "sno integer  NOT NULL UNIQUE, sname text, ssex text, sdept text )";

    /**
     * 实现默认构造函数
     **/
    public DBHelper(Context context, String name, SQLiteDatabase.CursorFactory factory,
        int version) {
        super(context, name, factory, version);
        this.ctx = context;
    }
    /**
     * 实现自定义构造函数，该函数只接收上下文信息
     **/
    public DBHelper(Context context) {
        super(context, DBName, null, Ver);   //使用自定义数据库名和版本
        this.ctx = context;
    }

    @Override
    public void onCreate(SQLiteDatabase db) {
        db.execSQL(DB_create);  //执行建表语句
    }

    @Override
    public void onUpgrade(SQLiteDatabase db, int oldVersion, int newVersion) {
        db.execSQL("drop table if exists student");  //先删除原来的表
        onCreate(db);  //调用onCreate()函数重新建立新的表
    }
}
```

（2）定义数据表 student 对应的实体类 StudentEntity

由于 SQLite 是弱数据类型，因此，在这里将表中各个字段都映射为字符型。

```java
public class StudentEntity {
    String sno, sname, sdept, ssex;
    public String getSno() {
        return sno;
    }
    public void setSno(String sno) {
        this.sno = sno;
    }
    public String getSname() {
        return sname;
    }
    public void setSname(String sname) {
        this.sname = sname;
    }
    public String getSdept() {
        return sdept;
    }
    public void setSdept(String sdept) {
        this.sdept = sdept;
    }
```

```
        public String getSsex() {
            return ssex;
        }
        public void setSsex(String ssex) {
            this.ssex = ssex;
        }
    }
```

(3)定义数据表 Student 的访问类 StudentDAO

该类主要实现数据表的增、删、改、查等功能,并需调用前面的数据库帮助类 DBHelper。由于 DBHelper 类需要上下文信息,因此在 StudentDAO 类中需要定义一个 Context 类成员,并且要求应用程序调用该类时通过构造函数传递上下文信息。

在设计数据表的添加和修改功能时,一般将操作数据放在表对应的实体对象中。查询返回类型一般可以为 Cursor 类型或 List 类型。当查询返回 Cursor 类型时,调用查询方法的 Activity 会保持数据库的打开状态,直到 Activity 生命周期结束才能关闭数据库连接,因此,会占用大量的数据库资源,一般不建议使用。本书推荐查询返回类型为 List 类型。这里只给出数据添加和查询所有表信息的代码,其他功能代码读者可以参照实例源码自己去实现。

在进行数据库表操作的时候,一般按照下面步骤进行。

① 先获得 DBHelper 对象 dbHelper。

② 通过 dbHelper 的 getWritableDatabase()或 getReadableDatabase()方法打开数据库,并获得 SQLiteDatabase 类对象 db。

③ 构造 SQL 语句,并设置 SQL 语句中占位符对应的值数组。

④ 通过调用 db 对象的适当方法执行 SQL 语句。如果为查询,根据需要对查询返回的游标进行遍历和转换。

⑤ 关闭数据库,如果为查询,需先关闭游标再关闭数据库。

相关代码如下。

```
public class StudentDAO {
    Context context = null;
    SQLiteDatabase db;
    //当使用该类时,需传递上下文信息
    public StudentDAO(Context context) {
        this.context = context;
    }
    public void insert(StudentEntity student) {
        DBHelper dbHelper = new DBHelper(context);
        db = dbHelper.getWritableDatabase();
        String sql = "insert into student(sno,sname,ssex,sdept) values (?,?,?,?)";
        //构造使用占位符的 SQL 语句
        Object[] bindObj = new Object[] { student.getSno(), student.getSname(),
                student.getSsex(), student.getSdept() };   //为占位符指定数据
        db.execSQL(sql, bindObj);
        db.close();
    }
    public void delete(String sno) {
        DBHelper dbHelper = new DBHelper(context);
        db = dbHelper.getWritableDatabase();
        String sql = "delete from student where sno=? ";   //构造使用占位符的 SQL 语句
        Object[] bindObj = new Object[] { sno };   //为占位符指定数据
        db.execSQL(sql, bindObj);
```

```
        db.close();
    }
    //列表可以使用学生实体类型，也可以使用 Map 类型，这里使用 Map 类型
    public List<HashMap<String, String>> getAllListMap() {
        ArrayList<HashMap<String, String>> hlist = new ArrayList<HashMap<String, String>>();
        DBHelper dbHelper = new DBHelper(context);
        db = dbHelper.getReadableDatabase();
        String sql = "select * from student ";
        Cursor cursor = db.rawQuery(sql, null);
        while (cursor.moveToNext()) {
            HashMap<String, String> map = new HashMap<String, String>();
            map.put("sno",cursor.getString(cursor.getColumnIndex("sno")));
            map.put("sname",cursor.getString(cursor.getColumnIndex("sname")));
            map.put("ssex",cursor.getString(cursor.getColumnIndex("ssex")));
            map.put("sdept",cursor.getString(cursor.getColumnIndex("sdept")));
            hlist.add(map);
        }
        cursor.close();
        db.close();
        return hlist;
    }
}
```

（4）界面布局（Layout）设计

学生信息表操作界面如图 11.1 所示。这里不再给出界面设计代码。

图 11.1　学生信息表操作界面

5．实现 Activity

在这里只给出学生信息添加和使用 ListView 显示所有学生信息的功能实现代码，其他功能请读者自己实现。

（1）学生信息添加功能

首先定义一个学生实体对象，然后将界面中各个 EditText 控件的值赋值给学生实体对象，最后调用 DAO 类对象实现数据的添加。

代码如下。

```
public void add(View v)
{
    StudentDAO studao=new StudentDAO(getApplicationContext());
    StudentEntity student=new StudentEntity();
    student.sno=edtSno.getText().toString();
    student.sname=edtSname.getText().toString();
    student.ssex=edtSsex.getText().toString();
```

```
        student.sdept=edtSdept.getText().toString();
        studao.insert(student);
    }
```

(2) 学生信息列表显示功能

① 定义列表每行数据的显示样式。学生表信息的列表显示可以使用 ListView 实现，这里使用 SimpleAdapter 适配器。使用 SimpleAdapter 适配器，需要设计一个 Layout 布局文件来定义每行数据的显示样式。布局文件名为 row.xml，字段内容将显示在 row.xml 定义的对应 TextView 控件中。row.xml 文件内容如下。

```xml
<?xml version="1.0" encoding="utf-8"?>
<LinearLayout xmlns:android="http://schemas.android.com/apk/res/android"
    android:orientation="horizontal" android:layout_width="fill_parent"
    android:layout_height="fill_parent" android:layout_gravity="center_vertical">
    <TextView
    android:id="@+id/txtID"
    android:layout_width="wrap_content"
    android:layout_height="wrap_content"
    android:paddingRight="10px" />
    <TextView
    android:id="@+id/txtSname"
    android:layout_width="wrap_content"
    android:layout_height="wrap_content"
    android:paddingRight="10px"/>
    <TextView
    android:id="@+id/txtSsex"
    android:layout_width="wrap_content"
    android:layout_height="wrap_content"
    android:paddingRight="10px" />
    <TextView
    android:id="@+id/txtSdept"
    android:layout_width="wrap_content"
    android:layout_height="wrap_content"
    android:paddingRight="10px" />
</LinearLayout>
```

② 实现 ListActivity 类。建立一个继承于 ListActivity 的 StudentListActivity 类，并在 AndroidManifest.xml 中进行注册。其主要代码如下。

```java
import android.app.AlertDialog;
import android.app.ListActivity;
import android.content.DialogInterface;
import android.os.Bundle;
import android.view.View;
import android.widget.AdapterView;
import android.widget.ListView;
import android.widget.SimpleAdapter;

import java.util.HashMap;
import java.util.List;

import cn.edu.dzu.sqliteexample.DAO.StudentDAO;

public class StudentList extends ListActivity {
    List<HashMap<String, String>> hlist;

    @Override
    protected void onCreate(Bundle savedInstanceState) {
```

```java
        super.onCreate(savedInstanceState);
        this.setTitle("学生列表");
        simpleAdapterList();
    }

    /**
     * 将数据绑定到ListView
     */
    private void simpleAdapterList() {
        StudentDAO studao = new StudentDAO(getApplicationContext());
        //获得学生信息List对象
        hlist = studao.getAllListMap();
        //定义要显示的字段
        String[] from = {"sno", "sname", "ssex", "sdept"};
        //定义字段数据在自定义布局中的对应控件id
        int[] to = {R.id.txtID, R.id.txtSname, R.id.txtSsex, R.id.txtSdept};
        //定义适配器
        SimpleAdapter adapter = new SimpleAdapter(this, hlist, R.layout.row, from, to);
        //获得ListView对象
        ListView listView = getListView();
        //设置适配器
        listView.setAdapter(adapter);
        //设置监听器
        ItemClickListener myListener = new ItemClickListener();
        listView.setOnItemClickListener(myListener);
    }

    /**
     * 定义列表项点击监听器,当点击ListView某列表项时,可以删除该记录
     */
    public class ItemClickListener implements AdapterView.OnItemClickListener {
        @Override
        /**
         *在SimpleAdapter适配器中,index为点击的数据对象在数据集中的行序号,
         * 在SimpleCursorAdapter适配器中,index对应的是名称为"_id"的主键值
         **/
        public void onItemClick(AdapterView<?> parent, View view, int pos, long index){

            final int n = (int) index;//获得点击项下标
            AlertDialog.Builder builder = new AlertDialog.Builder(StudentList.this);
            builder.setMessage("是否要删除该记录? ");
            builder.setPositiveButton("是", new DialogInterface.OnClickListener() {
                @Override
                public void onClick(DialogInterface dialog, int which) {
                    String sno = hlist.get(n).get("sno");   //获得数据项中的主键值
                    StudentDAO studao = new StudentDAO(
                            getApplicationContext());
                    studao.delete(sno);//删除记录
                    simpleAdapterList();//重新加载ListView
                }
            });
            builder.setNegativeButton("否",
                    new DialogInterface.OnClickListener() {
                        @Override
                        public void onClick(DialogInterface dialog, int which) {
```

```
                    //空操作
                }
            });
            AlertDialog dialog = builder.create();
            dialog.show();
        }
    }
}
```

本 章 小 结

本章主要介绍了 Android 系统自带的 SQLite 数据库的编程使用方式,并以 MVC 编程案例对具体应用做了较为详细的讲解。

习　　题

一、填空题

1. SQLite 数据库中用于获取帮助的命令是(　　)。
2. 在用游标操作 SQLite 数据表时,获取数据表中记录数的方法是(　　)。
3. 用 SQLiteOpenHelper 类操作数据库时,数据库表建立语句一般在(　　)方法中执行。
4. SQLiteOpenHelper 类操作数据库时,当数据库版本发生改变时,会自动调用(　　)方法。

二、选择题

1. 下面关于 SQLite 数据库描述正确的是(　　)。
A. SQLite 数据库中数据类型是强数据类型
B. SQLite 数据库操作时,如果插入的数据类型与字段数据类型不一致,则一定不能插入
C. SQLite 数据库只能应用在 Android 系统中
D. SQLite 中能够使用事务操作
2. 下面关于 SQLite 操作描述不正确的是(　　)。
A. SqliteOpenHelper 类主要用来创建数据库和更新数据库
B. SqliteDatabase 类可以用来操作数据库
C. 在每次调用 SqliteDatabase 类的 getWritableDatabase()方法时,会执行 SqliteOpenHelper 类的 onCreate()方法
D. 当数据库版本发生变化时,可以自动更新数据库结构

三、论述题

简要论述在 Android 项目中,用 MVC 开发数据库系统的基本操作步骤。

第 12 章　综合案例

学习目标
- 了解掌上购物商城的业务需求
- 了解 Android 应用开发的逻辑架构
- 掌握 Android 页面布局的设计方法
- 掌握 SQLite 数据库的搭建方法

只有把理论知识同具体实际相结合，才能正确回答实践提出的问题，扎实提升读者的理论水平与实战能力。本章介绍一个简单的 Android 应用：掌上购物商城 App。该 App 使用原生的 Android UI 设计、Android 开发框架 API 和 SQLite 数据库进行开发。用户直接在 Android 移动端设备上安装该应用的安装包文件，即可使用该 App 实现简单的商城购物操作。该应用适用于学完本书后掌握了 Android 开发基础的读者。

12.1　App 的简介和设计

本章介绍一个功能简单、没有服务器后台的掌上购物商城 App，将对该 App 实现过程中的核心部分进行提取讲解，以做示范。

App 的简介和设计

12.1.1　App 功能设计

本应用为一个掌上购物商城 App，用户在登录之前，可以对应用中的商品进行浏览、商品详情查看、商品查询等操作。如果用户想要购物，需要先注册或登录一个账号，然后才能将商品加入购物车，并进行结算、生成订单、查询订单等操作。此外，用户也可以对个人账户信息进行操作。

具体功能如下。

1. 首页

首页显示商品分类，不同分类对应显示该类商品。

2. 查询商品

（1）浏览商品信息。

（2）查看商品详情。

（3）选择购买数量，进行立即购买商品或将商品加入购物车操作。

3. 购物车

（1）显示客户已经加入购物车的商品信息。

（2）选择编辑操作，实现每个商品可以在购物车加减数量，以及商品的删除操作。

（3）实现购物车中商品的"全选"功能，显示选中购物车中的商品，合计显示对应金额数，实现显示结算的商品数量。

（4）实现结算操作。

4. 个人账户信息

（1）实现登录、退出登录操作。

（2）实现注册操作。

（3）实现客户信息修改操作。

（4）实现客户信息查询操作。

（5）实现显示所用订单信息。

（6）实现显示某个订单的详情信息。

（7）实现显示浏览过的所有商品信息，以及显示某个商品详情信息；点击编辑操作，进行将足迹删除操作。

5. 天气接口

利用聚合数据中的天气预报接口，实现查询某地的天气情况。

12.1.2　App 性能要求

该应用需要满足以下性能要求。

1. 精度要求

该 App 必须保证有足够的数据精度，不影响正常业务。

2. 时间特性要求

该 App 应尽量做到响应快速、操作简便。

3. 灵活性要求

该 App 应操作简便，对用户的使用要求低。

4. 输入/输出要求

该 App 对数据输入和输出均进行数据有效性检查。

12.1.3　App 开发环境要求

1. 硬件要求

调试工具（选择手机、平板电脑等真机）。

2. 软件要求

（1）Android Studio 集成开发工具。

（2）Android 模拟器。

（3）JDK 1.7 或更高版本。

12.1.4　App 系统架构设计

本应用开发中，主要进行 Android 客户端的程序架构设计，用户通过用户界面进行视图层操作，提交请求；应用的模型层将会对请求进行处理，将请求的数据发送到本地数据库中进行检索。响应得到的数据将经过 DAO 层返回到视图层，展示到 UI 页面上。Android 客户端架构如图 12.1 所示。

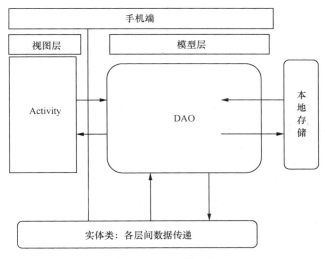

图 12.1　Android 客户端架构

12.1.5　App 存储架构设计

以 Android Studio 为开发工具进行 App 的开发。根据设计的项目功能模块和功能划分，对项目搭建图 12.2 所示的存储架构，作为源程序的目录结构。

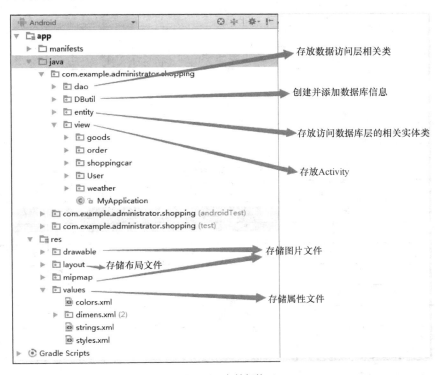

图 12.2　存储架构

由图 12.2 可知，该应用搭建的开发项目沿用常规的 Android 应用开发目录结构。将 UI 页面开发所用的布局文件和涉及的图片资源、字符串资源、尺寸资源、颜色资源等资源文件存储至 res 目录下；对应处理 UI 上业务逻辑的 Activity 文件统一存放至 java 目录下的 view 包里，根据操作的对象又分为商品对象 goods、订单对象 order、购物车对象 shoppingcar、用户对象 User；数据库操作统一存放至 DButil 和 dao 目录下，DButil 目录存储数据库的搭建文件，dao 目录则存储数据访问层文件；Android 的项目开发也是面向对象的开发模式，故该项目中也将使用 entity 目录存储需要被操作的实体文件。

12.1.6　App 数据库设计

根据项目需要进行的操作，设计得到以下几个数据表。

1. 用户信息表

用户信息表主要描述用户的编号（该字段数据自动生成）、用户名和用户密码（用户验证用户的登录）、用户性别、年龄、电话号码、具体地址等，如表 12.1 所示。

表 12.1　用户信息表

列名	数据类型	是否允许为空	描述	关系
userId	integer	否	用户编号	主键
userName	text	否	用户名	
password	text	否	用户密码	
sex	text	否	用户性别	
age	num	否	年龄	
phone	text	否	电话号码	
address	text	否	具体地址	

2. 商品信息表

商品信息表主要描述商品编号（该数据自动生成）、商品名称、商品介绍、商品价格、商品图片、商品类别等，如表 12.2 所示。

表 12.2　商品信息表

列名	数据类型	是否允许为空	描述	关系
goodsId	integer	否	商品编号	主键
title	text	否	商品名称	
introduce	text	否	商品介绍	
price	integer	否	商品价格	
photo	text	否	商品图片	
type	text	否	产品类别	

3. 最近浏览商品表

最近浏览商品表用于实现查看最近浏览的商品的功能，提供最近浏览过的商品的信息。该表与商品表结构类似,在商品表结构的基础上,添加浏览商品的用户信息,如表 12.3 所示。

表 12.3 最近浏览商品表

列名	数据类型	允许空	描述	关系
goodsId	integer	否	商品编号	外键
userName	text	否	用户名	
title	text	否	商品名称	
introduce	text	否	商品介绍	
price	integer	否	商品价格	
photo	text	否	商品图片	
type	text	否	商品类别	

4. 订单表

订单表主要描述订单编号(该字段数据自动生成)、用户编号(用于描述订单的生成用户信息)、订单创建时间、订单包含商品的总价格,如表 12.4 所示。

表 12.4 订单表

字段名	数据类型	允许空	描述	关系
orderId	integer	否	订单编号	主键
userId	integer	否	用户编号	外键
orderDate	text	否	订单创建时间	
totalPrice	integer	否	总价格	

5. 订单详情表

订单详情表用于提供用户查询订单详情的数据,其结构与订单表的结构基本相似,如表 12.5 所示。

表 12.5 订单详情表

字段名	数据类型	允许空	描述	关系
orderId	integer	否	订单编号	外键
goodsId	integer	否	商品编号	外键
goodsName	text	否		
goodsPhoto	text	否		
goodsPrice	integer	否	商品价格	
goodsNum	integer	否	商品数量	

6. 购物车表

购物车表主要描述购物车编号(该字段数据自动生成)、用户编号、商品名、商品价格、商品数量、是否选中该购物车中的产品,如表 12.6 所示。

表 12.6 购物车表

段名	数据类型	是否允许为空	描述	关系
cartId	integer	否	购物车编号	主键
userId	integer	否	用户编号	外键
goodsname	text	否	商品名	
price	integer	否	商品价格	
quantity	integer	否	商品数量	
checked	text	否	是否选中该购物车中的产品	

12.2 用户登录

用户使用该 App 购物之前，必须完成用户登录的操作，否则只能进行浏览操作。下面将通过对用户登录模块的实现，介绍该项目的开发思路。

12.2.1 用户登录的页面设计

Android 应用开发的思路往往是先进行页面设计。对于本例而言，用户登录页面如图 12.3 所示，布局文件为 login.xml。

图 12.3 用户登录页面

实现代码如下。

```xml
<?xml version="1.0" encoding="utf-8"?>
<LinearLayout xmlns:android="http://schemas.android.com/apk/res/android"
    android:orientation="vertical"
    android:background="@drawable/body"
    android:layout_width="match_parent"
    android:layout_height="match_parent">
```

```xml
<FrameLayout
    android:layout_width="fill_parent"
    android:layout_height="48dp">

    <ImageView
        android:layout_width="fill_parent"
        android:layout_height="match_parent"
        android:background="@drawable/top_bg"/>

    <ImageView
        android:id="@+id/login_back"
        android:layout_width="40dp"
        android:layout_height="40dp"
        android:layout_gravity="center_vertical"
        android:layout_marginLeft="10dp"
        android:padding="10dp"
        android:src="@drawable/item_grid_header_arrow_icon"/>

    <TextView
        android:layout_width="wrap_content"
        android:layout_height="wrap_content"
        android:text="会员登录"
        android:textColor="#ffffff"
        android:textSize="24dp"
        android:layout_gravity="center"/>

    <Button
        android:id="@+id/login"
        android:layout_gravity="center_vertical|right"
        android:layout_marginRight="10dp"
        android:text="登录"
        android:background="@drawable/filter_blue_btn"
        android:textColor="#ffffff"
        android:textSize="16dp"
        android:layout_width="wrap_content"
        android:layout_height="35dp" />
</FrameLayout>

<LinearLayout
    android:layout_width="fill_parent"
    android:layout_height="wrap_content"
    android:layout_margin="10dp"
    android:background="@drawable/body_cont"
    android:orientation="vertical">

    <FrameLayout
        android:layout_width="fill_parent"
        android:layout_height="60dp">

        <ImageView
            android:layout_width="wrap_content"
            android:layout_height="wrap_content"
            android:src="@drawable/log_in_user_name_icon"
            android:layout_marginLeft="10dp"
            android:layout_gravity="center_vertical"/>
```

```xml
        <EditText
            android:id="@+id/login_username"
            android:layout_width="296dp"
            android:layout_height="40dp"
            android:layout_gravity="center_vertical"
            android:layout_marginLeft="75dp"
            android:background="#ffffff"
            android:hint="用户名"
            android:selectAllOnFocus="true"
            android:paddingLeft="10dp"
            android:paddingRight="10dp"
            android:singleLine="true"
            android:textColor="#000000"
            android:maxLength="20"
            android:textSize="16dp"/>

    </FrameLayout>

    <View
        android:layout_width="fill_parent"
        android:layout_height="0.1dp"
        android:background="#c4c4c4"/>

    <FrameLayout
        android:layout_width="fill_parent"
        android:layout_height="60dp">

        <ImageView
            android:layout_width="wrap_content"
            android:layout_height="wrap_content"
            android:src="@drawable/log_in_key_icon"
            android:layout_marginLeft="10dp"
            android:layout_gravity="center_vertical"/>

        <EditText
            android:id="@+id/login_password"
            android:layout_width="296dp"
            android:layout_height="40dp"
            android:layout_gravity="center_vertical"
            android:layout_marginLeft="75dp"
            android:background="#ffffff"
            android:hint="密码"
            android:selectAllOnFocus="true"
            android:paddingLeft="10dp"
            android:paddingRight="10dp"
            android:singleLine="true"
            android:textColor="#000000"
            android:maxLength="20"
            android:textSize="16dp"/>

    </FrameLayout>

</LinearLayout>
```

```xml
<TextView
    android:id="@+id/tv_register"
    android:layout_width="wrap_content"
    android:layout_height="wrap_content"
    android:text="没有账号？免费注册"
    android:layout_gravity="center"
    android:textSize="18dp"
    android:layout_marginTop="10dp" />

</LinearLayout>
```

以上代码使用 Android 系统控件完成登录页面的设计，页面的背景效果通过使用图片资源和自定义的图形资源实现，具体的资源文件可以从本书提供的源码文件中获取。项目整体沿用该风格，开发时可以对样式进行套用，只进行提示内容和使用控件的修改即可。

该页面共有三处点击事件处理：第一处为右上角的登录按钮，输入用户名密码后，通过点击该按钮触发登录校验；第二处为使用 TextView 呈现的注册文字，点击后可以跳转至注册页面；第三处为左上角返回按钮，点击后返回到主页面。下面进行该界面对应的 Activity 文件的设计实现。

12.2.2 登录页面 Activity 设计

注册页面跳转和登录校验介绍如下。根据源文件存储结构图，Activity 文件存储在"View/User"路径下，核心代码如下。

```java
public class LoginActivity extends Activity implements View.OnClickListener {

    //声明控件
    private EditText login_username,login_password;
    private Button loginButton;
    private TextView tv_register;
    private ImageView login_back;

    private String login_name,login_pass;

    @Override
    protected void onCreate(Bundle savedInstanceState) {
        super.onCreate(savedInstanceState);
        setContentView(R.layout.login);

        //初始化控件
        init();

        //添加事件监听器
        tv_register.setOnClickListener(this);
        login_back.setOnClickListener(this);
        loginButton.setOnClickListener(this);
    }

    @Override
    public void onClick(View v) {

        switch (v.getId()){
```

```java
            //注册
            case R.id.tv_register:
                intent = new Intent(LoginActivity.this,RegisterActivity.class);
                startActivity(intent);
                break;
            //返回
            case R.id.login_back:
                intent = new Intent(LoginActivity.this,MineActivity.class);
                startActivity(intent);
                break;
            //登录
            case R.id.login:
                //获取用户名和密码
                login_name = login_username.getText().toString().trim();
                login_pass = login_password.getText().toString().trim();

                //判断用户名和密码是否合适
                if (login_name==null||login_name.length()<=0){
                    //调用显示信息的方法进行展示
                    showMsg("用户名不能为空,请重新输入");
                } else if (login_pass==null||login_pass.length()<=0){
                    showMsg("密码不能为空,请重新输入");
                } else if (login_name.length()<2){
                    showMsg("用户名太短,请重新输入");
                } else if (login_name.length()>20){
                    showMsg("用户名太长,请重新输入");
                } else if (login_pass.length()<6){
                    showMsg("密码太短,请重新输入");
                } else if (login_pass.length()>20){
                    showMsg("密码太长,请重新输入");
                } else {
                    //输入合格,开始校验
                    //校验需要调用DAO层中方法,此处省略方法调用
                    } else {
                        showMsg("用户名或者密码输入错误,请重新输入! ");
                    }
                }
                break;
        }
    }

    /**
     * 展示信息
     * @param msg
     */
    public void showMsg(String msg){
        TextView text = new TextView(this);
        text.setTextColor(Color.RED);
        text.setText(msg);
        Toast toast = new Toast(this);
        toast.setGravity(Gravity.CENTER,0,0);
        toast.setDuration(Toast.LENGTH_SHORT);
```

```java
        toast.setView(text);
        toast.show();
    }

    /**
     * 初始化控件
     */
    public void init(){
        login_username = (EditText)findViewById(R.id.login_username);
        login_password = (EditText)findViewById(R.id.login_password);
        loginButton = (Button)findViewById(R.id.login);
        login_back = (ImageView)findViewById(R.id.login_back);
        tv_register = (TextView)findViewById(R.id.tv_register);
    }

}
```

该类在创建的过程中直接实现了 View.OnClickListener 接口。由于登录页面中需要处理的事件都为点击事件,为了方便对页面中事件的统一处理,因此使用 Activity 本身作为监听器的形式进行事件处理比较合适。另外,从上述代码中可以看到,如果要进行登录校验,需要访问数据库获取用户名和密码,故在进行登录校验之前,需要先搭建数据库。

12.2.3 登录操作数据库搭建

该 App 使用原生 Android 进行开发,不使用服务器后台,故使用 SQLite 数据库进行数据维护。根据源代码存储结构,先搭建数据库文件,代码如下。

```java
public class DBHelp extends SQLiteOpenHelper {

    //定义数据库版本号的常量
    public static final int DB_version = 1;
    //定义用户数据表的名字变量
    public String TABLE_NAME_User = "usertb";
    //定义数据库的名字常量
    public static final String DB_NAME = "shopping.db";

    //构造方法
    public DBHelp(Context context) {
        super(context, DB_NAME, null, DB_version);
    }

    //首次创建数据的时候调用
    @Override
    public void onCreate(SQLiteDatabase db) {

        //创建用户表,使用 SQL 语句进行创建,需要使用到 execSQL()方法
        db.execSQL("create table "+TABLE_NAME_User+"(userid integer primary key
           autoincrement,"+"username text not null,"+"password text not null,"+
           "sex text not null,"+"age integer not null,"+"phone text not null,"+
           "address text not null)");

    }
```

```java
        @Override
        public void onUpgrade(SQLiteDatabase db, int oldVersion, int newVersion) {

        }
}
```

以上代码使用 SQLite 的 SQLiteOpenHelper 类，创建项目数据库 "shopping.db"，并创建提供用户登录验证操作的用户表 "usertb"。可以使用 Android Monitor 完成对该数据库的导出。

首先，通过调用数据库辅助类进行数据库操作；然后，通过调用 DBHelp 类的构造方法实现 SQLiteOpenHelper 类的调用；最后，创建 DAO 层中的 UserDao 文件，提供查询用户是否登录成功的方法。代码如下。

```java
public class UserDao {

    //需要获取数据库表结构，即获取 DBHelp
    private DBHelp dbHelpUser;
    //需要获取用户信息的实体类，需要创建 entity 中的 User 实体类
    private User user;
    //需要获取数据库操作类
    private SQLiteDatabase db;

    //设置构造函数
    public UserDao(Context context) {
        //获取表结构对象
        dbHelpUser = new DBHelp(context);
        //获取一个可操作的数据库
        db = dbHelpUser.getWritableDatabase();
    }

    /**
     * 注册页面插入用户信息
     * @param _username
     * @param _password
     * @param _sex
     * @param _age
     * @param _phone
     * @param _address
     */
    public void insert(String _username,String _password,String _sex,int _age,String _phone,String _address){
        db.execSQL("insert into "+dbHelpUser.TABLE_NAME_User+"('username','password',
            'sex','age','phone','address') values ('"+_username+"','"+_password+"',
            '"+_sex+"','"+_age+"','"+_phone+"','"+_address+"')");
    }

    /**
     * 用户登录页面，校验用户是否登录成功
     * @param name
     * @param pass
     * @return
     */
    public boolean queryLogin(String name,String pass){
```

```
        Cursor c = db.query(dbHelpUser.TABLE_NAME_User,null,null,null,null,null,null,null);
        if (c!=null){
            while (!c.isLast()){
                c.moveToNext();
                String username = c.getString(c.getColumnIndex("username"));
                String password = c.getString(c.getColumnIndex("password"));
                if (name.equals(username)&&pass.equals(password)){
                    c.close();
                   return true;
                }
            }
        }
        c.close();
        return false;
    }
}
```

由此可见，在构建 UserDao 时，首先需要获取用来创建数据库数据表的 DBHelp 类。项目开发中用到的用户操作、商品信息操作、订单操作、购物车操作都要通过 DBHelp 类来进行数据处理。DBHelp 类提供了数据表接口，为数据操作提供入口。

从代码中可以发现，在查询用户信息时，还有一个 SQLiteDatabase 对象，这是数据库操作类。SQLiteOpenHelper 类是一个数据库辅助类，只能实现 SQLite 的建库建表操作，若想操作数据，还是需要 SQLiteDatabase 类提供的方法来实现，故需要定义一个 SQLiteDatabase 对象。

另外，在 UserDao 中，还引入了一个 User 实体类。

Android 开发是以 Java 开发技术为基础的，故开发中依旧沿用 Java 的面向对象思想。数据操作中对用户信息的获取，也是通过获取用户对象的形式进行的。根据源代码存储结构，需要在 entity 中创建一个 User 实体类，用来描述和封装用户信息。代码如下。

```
public class User {

    private int userid;
    private String username;
    private String password;
    private String sex;
    private int age;
    private String phone;
    private String address;

    //空构造方法
    public User() {

    }

    //全构造方法
    public User(int userid, String username, String password, String sex, int age, String
        phone, String address) {
        this.userid = userid;
        this.username = username;
        this.password = password;
        this.sex = sex;
        this.age = age;
        this.phone = phone;
```

```
            this.address = address;
    }

    //set/get 方法
    //以下代码省略
}
```

User 实体类中成员属性，可以参照数据库设计中用户信息表的表结构进行设计，User 中封装的数据的存储和读取都是与用户信息表相关联的。

12.2.4 实现登录校验

数据库和数据表创建成功后，可以回到 Activity 页面，调用 UserDao 中的方法，实现获取数据库中的用户名密码操作，并与用户在 UI 页面上输入的用户名密码进行对比，在通过用户名密码合法性验证相关代码的后面添加登录校验的代码。代码如下。

实现登录校验

```
//输入的合格，开始校验
//定义一个判断标识，存储校验结果
flag = userDao.queryLogin(login_name,login_pass);
if (flag){
    //登录成功，跳转至个人用户
    Intent intent = new Intent(LoginActivity.this,MineActivity.class);
    startActivity(intent);
    finish();
} else {
    showMsg("用户名或者密码输入错误，请重新输入！ ");
}
```

以上代码实现用户名和密码校验通过跳转至主页面，校验失败则提示警告信息。

用户登录是一个常用操作，若是每一次进行登录校验，都要提交请求到 UserDao，访问数据库，对数据表进行遍历，再将查询得到的数据返回进行匹配，这样会增加应用的工作负担。为了提高登录的效率，一般会对通过登录校验的用户名和密码进行存储（一般选择存储到 SharedPreferences 文件中），这样可以直接从文件中读取用户名和密码进行匹配。

SharedPreferences 文件使用 SharedPreferences 对象提供的相关方法进行创建。在登录成功后，使用 SharedPreferences 对象的 editor 对象进行数据操作，以实现用户名和密码的文件存储。先在登录页面的 Activity 文件中完成 SharedPreferences 对象的定义，代码如下。

```
private SharedPreferences spf;
private SharedPreferences.Editor editor;
```

同时，在 onCreate()方法中对 SharedPreferences 对象进行初始化，设置 SharedPreferences 对象的名字和操作模式。代码如下。

```
//通过 SharedPreference 存储偏好信息
spf = getSharedPreferences("UserInfo ",LoginActivity.MODE_PRIVATE);
//登录成功后，将用户信息存入该文件中，如果失败则不登录
editor = spf.edit();
```

通过以上代码可以构建一个 UserInfo.xml 文件（该文件为私有文件），该文件可以通过 Android

Monitor 查看。

接下来，就可以向 UserInfo 文件中存储刚刚登录成功的用户名和密码。登录成功后要进行的操作代码如下。

```
//如果通过校验就把用户名密码存入 sp 文件中
editor.putString("username",login_name);
editor.putString("password",login_pass);
editor.commit();
```

此时，通过 Android Monitor 可以查询到图 12.4 所示的 UserInfo.xml 文件，文件中存储了刚刚登录的用户名和密码。

```
<?xml version="1.0" encoding="UTF-8" standalone="true"?>
- <map>
    <string name="username">admin</string>
    <string name="password">123456</string>
  </map>
```

图 12.4　UserInfo.xml 文件

12.2.5　登录成功效果

以上完成了掌上购物商城 App 的登录功能的全部模块，在 AndroidManifest.xml 文件中设置 LoginActivity 为启动页面，运行程序，得到图 12.3 所示的登录页面。输入用户名"admin"和密码"123456"，点击"登录"按钮，进入主页面，如图 12.5 所示。

图 12.5　主页面

12.3 其他模块代码介绍

12.3.1 注册功能介绍

注册功能可以参考登录功能的实现效果，实现图 12.6 所示的效果。

图 12.6 注册界面

注册页面的实现代码可参照图 12.3 用户登录页面对应的实现代码进行修改，此处不再赘述。

需要注意注册操作的本质即为获取界面中用户输入的数据信息，对照 userInfotb 用户表中字段的描述要求，添加至数据库中。注册添加完成后的数据使用 User 类调用（User 类的构建在登录模块中已描述）。注册的实现代码不再讲解，详细代码可参考本书附带的源码文件。

会员信息查询和修改客户信息涉及的数据表结构及实体类与登录功能类似，仅需在数据库操作时进行相关结构化查询语言（Structured Query Language，SQL）语句的修改即可，此处也不再介绍详细代码。

12.3.2 购物车功能介绍

购物车功能为购物 App 的必备功能。从购物车的页面设计上来说，购物车需要完成对商品的单个操作、批量操作、单选与全选、数量增减、金额核算、选中数量统计等系列操作。以掌上购物商城的功能要求为例，可以实现图 12.7 所示的购物车页面效果。

根据实际的购物车需要，进行购物车界面查看时，需要考虑购物车中是否有商品，如果没有商品，需要实现图 12.8 所示的购物车为空的提示效果。

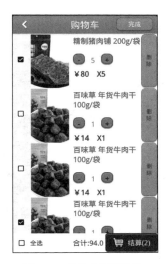

图 12.7　购物车页面效果　　　　　　图 12.8　购物车为空的提示效果

该效果可以通过在布局文件中描述一个<ImageView>标签，展示购物车为空的效果图片进行实现。通过指定<ImageView>标签的 android:visibility 属性，根据购物车查询结果动态修改 android:visibility 的属性值选择显示图 12.7 所示的商品列表效果或图 12.8 所示的购物车为空效果。具体代码如下。

```xml
<?xml version="1.0" encoding="utf-8"?>
<LinearLayout xmlns:android="http://schemas.android.com/apk/res/android"
    android:layout_width="match_parent"
    android:layout_height="match_parent"
    android:orientation="vertical">

    <FrameLayout
        android:layout_width="fill_parent"
        android:layout_height="48dp" >
        <View
            android:layout_width="fill_parent"
            android:layout_height="20dp"
            android:background="#000000" />

        <ImageView
            android:layout_width="fill_parent"
            android:layout_height="match_parent"
            android:background="@drawable/top_bg" />

        <ImageView
            android:id="@+id/return_back"
            android:layout_width="40dp"
            android:layout_height="40dp"
            android:layout_gravity="center_vertical"
            android:layout_marginLeft="10dp"
            android:padding="10dp"
            android:src="@drawable/item_grid_header_arrow_icon" />

        <TextView
            android:layout_width="wrap_content"
```

```xml
            android:layout_height="wrap_content"
            android:layout_gravity="center"
            android:text="@string/shoppingcar"
            android:textColor="#ffffff"
            android:textSize="24dp" />

        <Button
            android:id="@+id/bt_edit"
            android:onClick="doClick"
            android:layout_width="wrap_content"
            android:layout_height="35dp"
            android:layout_gravity="center_vertical|right"
            android:layout_marginRight="10dp"
            android:background="@drawable/filter_blue_btn"
            android:text="@string/edit"
            android:textColor="#ffffff"
            android:textSize="16dp" />
    </FrameLayout>

    <ImageView
        android:id="@+id/iv_hint"
        android:layout_gravity="center"
        android:src="@drawable/shoppingcar"
        android:layout_width="wrap_content"
        android:layout_height="wrap_content"
        android:visibility="gone"/>

    <LinearLayout
        android:id="@+id/ll_car"
        android:orientation="vertical"
        android:layout_width="match_parent"
        android:layout_weight="1"
        android:layout_height="match_parent">
        <View
            android:layout_width="match_parent"
            android:layout_height="1dp"
            android:background="#c7bfbf" />

        <ListView
            android:id="@+id/car_listview"
            android:layout_width="match_parent"
            android:layout_height="match_parent"
            android:divider="#00000000"
            android:dividerHeight="0.1dp"
            />
    </LinearLayout>

    <LinearLayout
        android:id="@+id/ll_car_foot"
        android:background="@drawable/foot_bg"
        android:gravity="center"
        android:layout_width="match_parent"
        android:layout_height="50dp"
        >
```

```xml
<RelativeLayout
    android:layout_width="match_parent"
    android:layout_height="50dp"
    android:layout_alignParentBottom="true"
    android:background="#ffffff">

    <CheckBox
        android:id="@+id/ck_all"
        android:layout_width="wrap_content"
        android:layout_height="match_parent"
        android:layout_centerVertical="true"
        android:gravity="center"
        android:paddingLeft="10dp"
        android:scaleX="0.8"
        android:scaleY="0.8"
        android:text="@string/check_all"
        android:textSize="20dp"
        android:onClick="doClick"
        android:textColor="#762034"
        />

    <FrameLayout
        android:id="@+id/frame1"
        android:layout_width="130dp"
        android:layout_height="match_parent"
        android:layout_alignParentRight="true"
        android:gravity="center"
        android:background="@drawable/button_red" >

        <ImageView
            android:layout_width="25dp"
            android:layout_height="25dp"
            android:layout_gravity="center_vertical"
            android:layout_marginLeft="15dp"
            android:src="@drawable/shopping_cart_acc_cart_icon" />

        <TextView
            android:id="@+id/tv_settlement"
            android:layout_width="wrap_content"
            android:layout_height="wrap_content"
            android:layout_gravity="center_vertical"
            android:layout_marginLeft="50dp"
            android:text="@string/jiesuan"
            android:textColor="#f3f3f3"
            android:textSize="18dp" />
    </FrameLayout>
    <TextView
        android:layout_height="50dp"
        android:orientation="vertical"
        android:id="@+id/tv_delete"
        android:layout_width="140dp"
        android:layout_alignParentRight="true"
        android:background="@drawable/filter_blue_btn"
        android:gravity="center"
        android:text="@string/delete"
```

```xml
                android:visibility="gone"
            />

            <TextView
                android:id="@+id/tv_show_price"
                android:layout_width="wrap_content"
                android:layout_height="match_parent"
                android:gravity="center"
                android:layout_marginLeft="140dp"
                android:padding="5dp"
                android:textSize="18dp"
                android:text="@string/heji"
                android:textColor="#762034"
                />
        </RelativeLayout>
    </LinearLayout>
</LinearLayout>
```

参考登录功能的实现,购物车界面的查询同样通过 DAO 层实现。构建 ShoppingCarSao.java 文件,实现购物车的商品的添加、查询和删除,此处实现指定商品的删除效果。ShoppingCarSao.java 代码如下所示。

```java
public class ShoppingCarDao {
    private DBHelp_ShoppingCar dbHelp_shoppingCar;//数据库
    /**构造函数
     * @param context
     */
    public ShoppingCarDao(Context context) {
        dbHelp_shoppingCar=new DBHelp_ShoppingCar(context);
        dbHelp_shoppingCar.db=dbHelp_shoppingCar.getWritableDatabase();
    }

    /**
     * 往购物车中添加商品
     * @param userid
     * @param goodsid
     * @param goodsname
     * @param price
     * @param quantity
     * @return
     */
    public boolean addGoods(int userid,int goodsid,String goodsname,String pic,double price,int quantity){
        dbHelp_shoppingCar.db.execSQL("insert into "+dbHelp_shoppingCar.TABLE_NAME+
            "('userid','goodsid','goodsname','photo','price','quantity','checked')" +
            "values('"+userid+"','"+goodsid+"','"+goodsname+"','"+pic+"','"+price+"'," +
            "'"+quantity+"','false')");
        return true;
    }

    /**
     * 查询购物车商品
     * @param userid 用户id
     * @return
     */
```

```java
public List<CarGoods> getCarDetails(int userid){
    List<CarGoods> result=new LinkedList<CarGoods>();
    Cursor c = dbHelp_shoppingCar.db.query(dbHelp_shoppingCar.TABLE_NAME, null,
        "userid=?", new String[]{userid+""}, null, null, null, null);
    if(c!=null){
        while(c.moveToNext()){
            int goodsId=c.getInt(c.getColumnIndex("goodsid"));
            int carId=c.getInt(c.getColumnIndex("carid"));
            int goodsNum=c.getInt(c.getColumnIndex("quantity"));
            String goodsname=c.getString(c.getColumnIndex("goodsname"));
            String pic=c.getString(c.getColumnIndex("photo"));
            double price=c.getDouble(c.getColumnIndex("price"));
            String checked=c.getString(c.getColumnIndex("checked"));
            CarGoods carGoods=new CarGoods(carId,userid,goodsId,goodsNum,pic,goodsname,
                price,Boolean.parseBoolean(checked));
            result.add(carGoods);
        }
        return result;
    }
    return null;
}

/**
 * 删除购物车中的指定商品
 * @param userid   用户id
 * @param carid    购物车id
 * @param goodsid  商品id
 */
public void deleteGoods(int userid,int carid,int goodsid){
    dbHelp_shoppingCar.db.execSQL("delete from shoppingcartb where carid="+carid+"
        and userid="+userid+" and goodsid="+goodsid);
}

}
```

需要注意的是，购物车中的商品需要对应用户信息，简单地说，就是必须先验证当前的用户是否登录，当前登录的用户是谁，然后才能获取当前登录用户的购物车商品信息，故购物车中的商品信息需要独立的商品信息表，可参考表12.6。需要构建对应购物车表的购物车数据库，代码如下。

```java
public class DBHelp_ShoppingCar extends SQLiteOpenHelper {
    public SQLiteDatabase db;//数据库
    public static final int DB_version = 1;
    public static final String TABLE_NAME = "shoppingcartb";//购物车表
    public static final String DB_NAME = "shoppingcar.db";

    /**构造函数
     * @param context
     */
    public DBHelp_ShoppingCar(Context context) {
        super(context, DB_NAME, null, DB_version);
        db = getWritableDatabase();
```

```java
    }
    public DBHelp_ShoppingCar(Context context, String name, SQLiteDatabase.CursorFactory
        factory, int version) {
        super(context, name, factory, version);
    }

    public DBHelp_ShoppingCar(Context context, String name, SQLiteDatabase.CursorFactory
        factory, int version, DatabaseErrorHandler errorHandler) {
        super(context, name, factory, version, errorHandler);
    }

    /**
     *首次创建数据库时调用
     * @param db
     */
    @Override
    public void onCreate(SQLiteDatabase db) {

        db.execSQL("create  table  " + TABLE_NAME + "(carid integer primary  key
            autoincrement," + "userid integer not null," + "goodsid integer not null," +
            "goodsname text not null," + "photo text not null," + "price integer not
            null," + "quantity integer not null," + "checked text not null)");
    }

    /**
     * 版本发生变化时使用
     * @param db
     * @param oldVersion
     * @param newVersion
     */
    @Override
    public void onUpgrade(SQLiteDatabase db, int oldVersion, int newVersion) {
    }
}
```

12.3.3 订单功能介绍

订单功能模块主要实现订单查询和订单修改的操作，实现的界面效果与购物车页面效果类似。

关于订单功能的实现，整体实现思路与购物车中商品查询的功能类似，此处不再赘述，具体的代码实现可以查看本书提供的项目源码。

本 章 小 结

本章介绍了一个简单的 Android 应用——掌上购物商城 App，主要对该应用的登录功能进行了演示：首先创建登录页面的布局文件，该布局文件仅使用 Android 系统控件，使用图片资源文件进行样式设置；然后针对布局文件进行 Activity 的设计，在 Activity 中除了需要实现控件的获取和点击事件的处理，还需要进行数据库的连接和数据的访问，故使用 SQLiteOpenHelper 类和 SQLiteDataBase 类进行数据库的搭建和数据表的操作；接着介绍了 Activity 的字符串匹配和 SharedPreference 文件的生成，通过以上操作即可实现 App 的登录功能；最后还介绍了注册功能、购物车功能、订单功能。根据类似的思路读者可以自行完成该项目中的其他功能。

本书以该项目作为总结，汇总了 Android 应用开发的基础知识，为读者提供了 Android 项目开发的思路，读者可参考本书提供的源码电子资料完成该应用。

习　　题

一、简答题

简述 android:visibility 属性对应的属性值及区别。

二、编程题

编程实现图 12.9 所示的效果。当点击第 1 个按钮时，实现图 12.10 所示的效果；当点击第 3 个按钮时，实现图 12.11 所示的效果。

图 12.9　实现效果 1

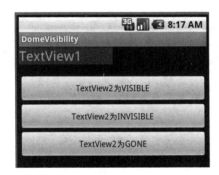

图 12.10　实现效果 2

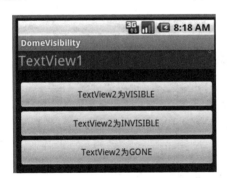

图 12.11　实现效果 3